二 狗 妈 妈 的 小 厨 房 之

自制面包

乖乖与臭臭的妈　编著

辽宁科学技术出版社
·沈阳·

图书在版编目（CIP）数据

二狗妈妈的小厨房之自制面包／乖乖与臭臭的妈编著. —沈阳：辽宁科学技术出版社，2017.1（2019.3重印）

ISBN 978-7-5591-0021-4

Ⅰ. ①二… Ⅱ. ①乖… Ⅲ. ①面包—制作 Ⅳ. ①TS213.2

中国版本图书馆CIP数据核字（2016）第285402号

出版发行：辽宁科学技术出版社

（地址：沈阳市和平区十一纬路25号 邮编：110003）

印 刷 者：辽宁新华印务有限公司

经 销 者：各地新华书店

幅面尺寸：170 mm × 240 mm

印　　张：15

字　　数：300千字

出版时间：2017年1月第1版

印刷时间：2019年3月第8次印刷

责任编辑：卢山秀

封面设计：魔杰设计

版式设计：晓　娜

责任校对：徐　跃

书　　号：ISBN 978-7-5591-0021-4

定　　价：49.80元

扫一扫 美食编辑

投稿与广告合作等一切事务
请联系美食编辑——卢山秀

联系电话：024-23284356
联系QQ：1449110151

您好！无论您出于什么原因，
打开了这本书，
我都想对您说一声谢谢！

写给您的一封信

翻开此书的您：

我常常自称“半吊子”，因为从来没有参加过正规培训，也没有接触过专业老师。我在微博上分享的每一道食物方子，都是在实操过程中，自己慢慢摸索出来的。分享到微博上，初衷是为了记录自己的成长，没想到会有很多朋友非常喜欢。转眼间，微博已开通4年，积累的方子越来越多，很多朋友鼓励我把方子整理出来出书，可以分享给更多热爱美食的人。就我这“半吊子”水平，可以出书吗？我写的书会有人看吗？怀着非常忐忑的心情，我开始了“二狗妈妈的小厨房”丛书的准备。

出生在农村，加上家里条件也不好，我小时候都没见过面包，更别提尝到味道了。第一次吃面包，还是来到北京后先生给我买的。因为他爱吃面包，我就跟着网上老师们的教程，一招一式地学起来。开始也难免失误，逐渐地摸出了门道，一步一步，慢慢做得有模有样起来。

本书包含了98种各式面包的制作过程，分为小餐包、排包、卡通小面包、挤挤面包、有馅儿有料的面包、不专业的欧包、无糖面包、免揉面包、吐司、比萨共10个种类。还有一件事需要特别说明一下，一来是自身的惰性，二来有严重的腱鞘炎，加上左胳膊骨折，体内仍留有钢板，所以我都是用面包机和面。书中没有说明面团要和到何种状态，只是说了面包机的和面时间。我相信有很多人和我一样，太高深的理论真的搞不太清楚。理论知识搞不明白就做不出好吃的面包吗？当然不是！只要跟着图片和说明，一步一步来，您也可以做出和书上一样的又好吃又好看的面包。相信我，真的不难，因为难度大的我也不会……

我是上班族，只能在下班后和周末才有时间，而且条件有限，做出的成品只能在摄影灯箱里拍摄，如果您觉得成品的图片不够漂亮，还请您多原谅！本书所有图片均由我先生全程拍摄，个中辛苦只有我最懂得。关键是，他之前从来没有拿过单反相机呀。衷心感谢先生的全力支持和默默付出！

感谢辽宁科学技术出版社，谢谢你们这么信任我，让我这个非专业人士完成了出书的梦想，感谢每一位参与“二狗妈妈的小厨房”丛书的工作人员。

感谢所有爱我的人，包括我的领导、同事、朋友、邻居、粉丝，还有家人，没有你们的关爱和支持，就没有这套书的诞生。你们给予我的鼓励，让我有了前进的勇气，你们给予我的支持，让我有了努力的动力。尤其是我的家人，毫无保留地支持我，公婆不让我们过去探望，父亲生病住院不告诉我，都是怕影响书的制作进度……这就是最亲最亲的人，最爱最爱我的人呀！

最后，我想说，“二狗妈妈的小厨房”丛书承载了太多太多的爱，单凭我一个人是绝对不可能完成的。感谢、感恩已不足以表达我的心情，只有把最真诚的祝福送给您！

祝您健康！快乐！幸福！平安！

乖乖与臭臭的妈：王银霞

2016年岁末

目录

ZIZHIMIANBAO
自制面包

CHAPTER 4　挤挤面包

ZIZHIMIANBAO
自制面包

CHAPTER 5　有馅有料的面包

CHAPTER 6　不专业的欧包

CHAPTER 7　无糖面包

ZIZHIMIANBAO
自制面包

CHAPTER 1

小餐包

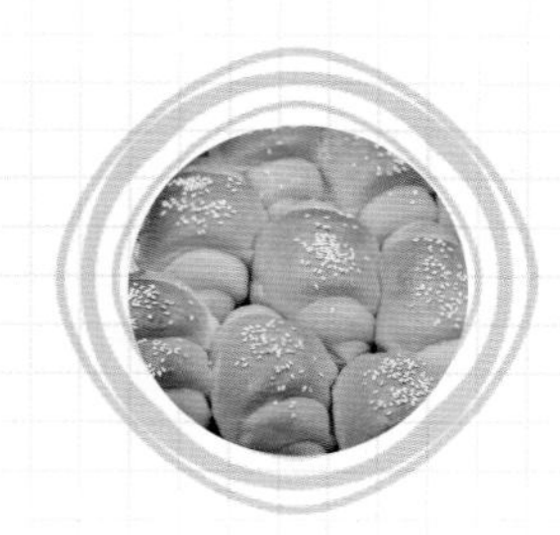

餐包，顾名思义，就是可以佐餐吃的面包。一般都是无馅、低糖、少油，可以剖开来夹菜、夹蛋、夹肉吃的。本章节里面的餐包食材涉及了蔬菜、水果、豆浆、杂粮等，整形方法可以任意调整，喜欢甜度高一些的可多加一点儿糖哟。

您可以一次多做几个餐包，分份用保鲜袋包好放入冰箱冷冻保存，早晨随手拿几个，入烤箱烘烤几分钟，剖开来夹上喜欢吃的菜，配杯豆浆，一顿营养快捷的早餐就搞定了。

特别说明：本书所有方子所用鸡蛋大小约为带壳 65 克，蛋液约为 55 克，鸡蛋大小上下浮动的克重不要超过 3 克，这样就不会影响效果咯！

SUANNAIXIAOCANBAO

酸奶小餐包

用酸奶做面包，会不会酸呢？不用担心，酸奶可是天然的保湿剂哟，不信您看，这一个个小面包是不是非常绵软呢……

◎ 原料 YUANLIAO

稠酸奶 240 克
糖 40 克
耐高糖酵母 3 克
高筋面粉 250 克
低筋面粉 50 克
盐 3 克
无盐黄油 30 克

◎ 做法 ZUOFA

1. 将 240 克稠酸奶倒入面包机内桶，加入 40 克糖、3 克耐高糖酵母、250 克高筋面粉、50 克低筋面粉、3 克盐。

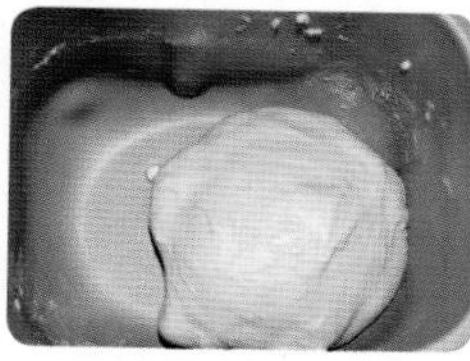

2. 放入面包机，启动和面程序，和面 15 分钟后加入 30 克无盐黄油再和 15 分钟就可以了。

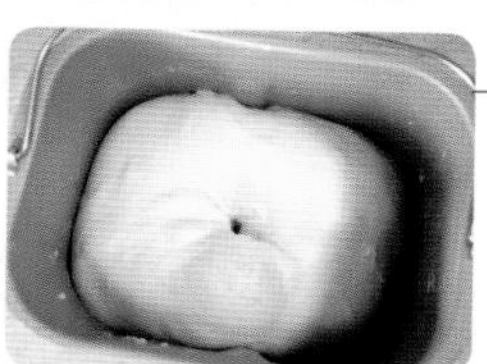

3. 盖好，放温暖的地方发酵 60～90 分钟，发酵好的面团用手指插洞，洞口不回缩、不塌陷。

4. 案板上撒面粉，把面团放在案板上，平均分成 10 份。

5. 揉圆后码放在不粘烤盘上。

6. 盖好发酵至明显变胖约 1 倍。

7. 送入预热好的烤箱，中下层，上下火 180 摄氏度烘烤 25 分钟，上色后及时加盖锡纸。

二狗妈妈碎碎念

1. 酸奶要用稠一些的，如果是稀一些的酸奶，那就要减少用量哟。
2. 把酸奶换成 200 克牛奶，就是牛奶小餐包啦。
3. 喜欢个头大一些的，可以把面团分成 8 份，烘烤时间稍长 2 分钟。

QUANMAICANBAO

全麦餐包（汤种法）

这款餐包不太甜，剖开来夹菜、夹肉最合适不过哦……

◎ 原料 YUANLIAO

汤种：
水 200 克
高筋面粉 40 克

主面团：
水 50 克
鸡蛋 1 个
糖 40 克
耐高糖酵母 4 克
高筋面粉 300 克
全麦面粉 60 克
盐 4 克
无盐黄油 30 克

◎ 做法 ZUOFA

1. 200 克水加 40 克高筋面粉放入小锅，小火边加热边搅拌，看到有纹路、浓稠状态就关火，凉透后盖好放入冰箱冷藏 8 小时。

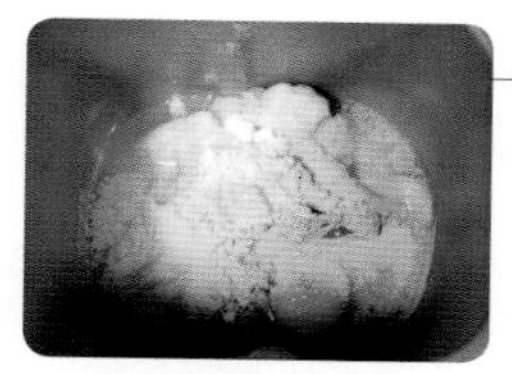

2. 冷藏后的汤种全部放入面包机内桶，再加入 50 克水、1 个鸡蛋、40 克糖、4 克耐高糖酵母。

3. 再加入 300 克高筋面粉、60 克全麦面粉、4 克盐。

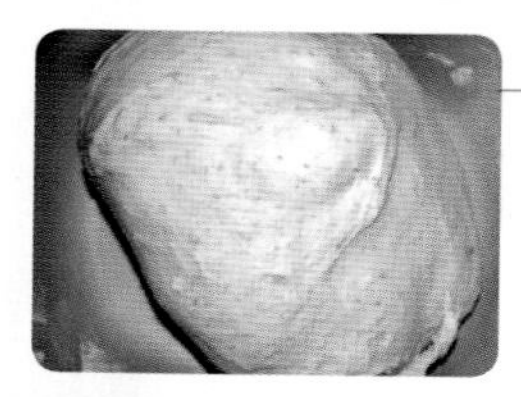

4. 放入面包机，启动和面程序，和面 15 分钟后加入 30 克无盐黄油，再和 15 分钟就好了。

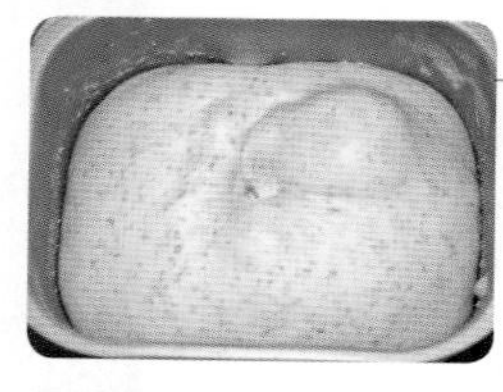

5. 盖好，放到温暖的地方发酵 60~90 分钟，发酵好的面团用手指插洞，洞口不回缩、不塌陷。

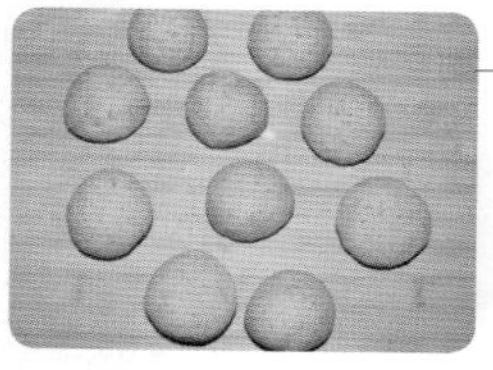

6. 案板上撒面粉，把面团放在案板上分成 10 份，揉圆，盖好静置 15 分钟。

7. 把面团擀开。

8. 卷起来，捏紧收口。

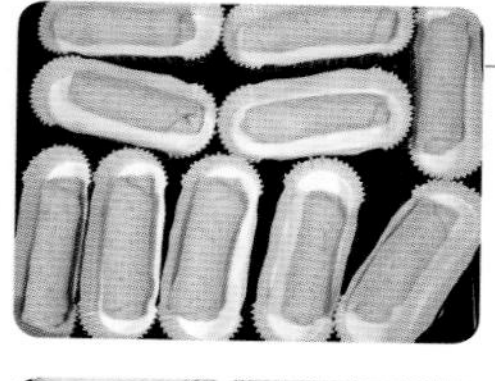

9. 放入面包托。

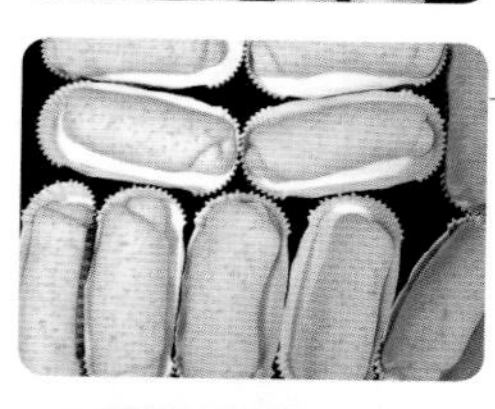

10. 盖好，发酵至明显变胖约 1 倍。

11. 送入预热好的烤箱，中下层，上下火 180 摄氏度烘烤 25 分钟，上色后及时加盖锡纸。

二狗妈妈碎碎念

1. 煮汤种的时候一定要小火，看到面糊有纹路就可以关火啦，凉透放冰箱冷藏，不超过 48 小时都可以用哟。
2. 全麦面粉可以用您喜欢的杂粮粉替换。
3. 没有面包托，可以直接码放在不粘烤盘上。
4. 我做的量稍大，您可以把所有原料减半，烘烤时间不变。

DANNAIYOUNUOMICANBAO

淡奶油糯米餐包

面团里加入了淡奶油，奶香十足，再加些糯米粉，口感多了几分绵密，嗯，好吃……

◎ 原料 YUANLIAO

牛奶 170 克
淡奶油 100 克
糖 40 克
耐高糖酵母 4 克
高筋面粉 280 克
低筋面粉 40 克
糯米粉 40 克
盐 4 克
全蛋液适量

二狗妈妈碎碎念

1. 面团发酵好后，放在案板上按扁，然后分切成小面团，直接利用步骤 5 所示切好的三角形进行下一步整形哟。
2. 糯米粉是这款餐包的特点，不建议替换。

◎ 做法 ZUOFA

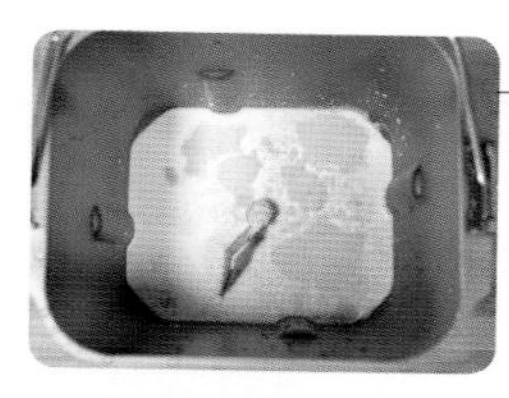

1. 170 克牛奶、100 克淡奶油、40 克糖、4 克耐高糖酵母放入面包机内桶。

2. 加入 280 克高筋面粉、40 克低筋面粉、40 克糯米粉、4 克盐。

3. 放入面包机，启动和面程序，和面 30 分钟就好了。

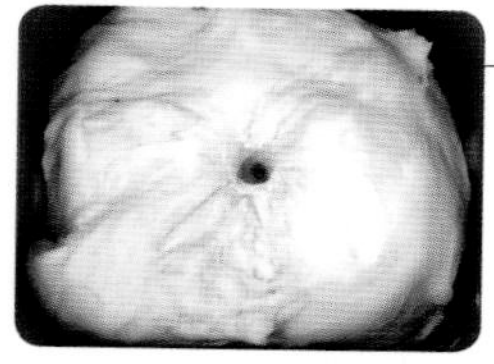

4. 发酵 60～90 分钟，发酵好的面团用手指插洞，洞口不回缩、不塌陷。

5. 把面团放案板上按扁后平均分成 12 份。

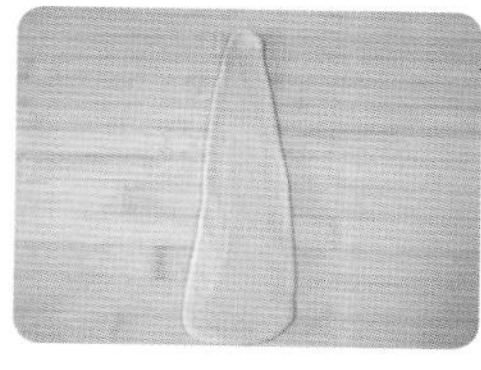

6. 把切好的面团尖头朝上，擀长。

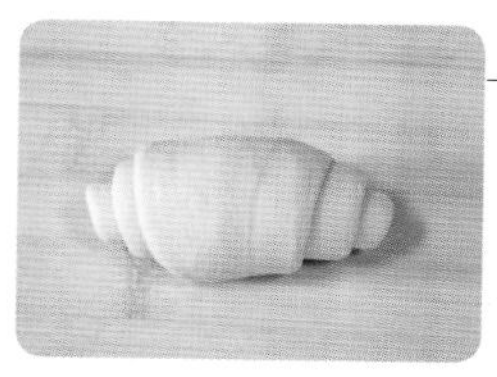

7. 从下向上卷起来。

8. 码放在不粘烤盘上。

9. 盖好，发酵至明显变胖约 1 倍。

10. 刷全蛋液，送入预热好的烤箱，中下层，上下火 180 摄氏度烘烤 25 分钟，上色后及时加盖锡纸。

DANNAIYOUNANGUACANBAO

淡奶油南瓜餐包

金灿灿的颜色多讨喜，这是属于秋天丰收的颜色吧……

◎ 原料 YUANLIAO

南瓜泥 120 克
淡奶油 100 克
水 20 克
糖 40 克
耐高糖酵母 3 克
高筋面粉 250 克
低筋面粉 50 克
盐 3 克
全蛋液适量

◎ 做法 ZUOFA

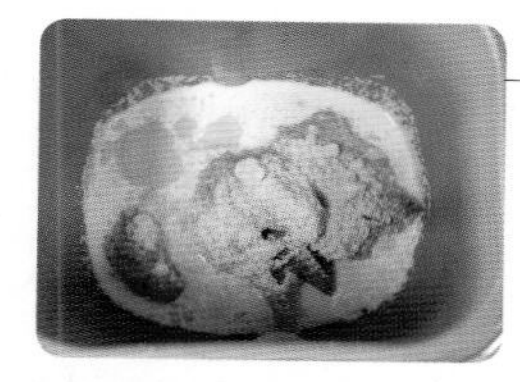

1. 120 克蒸熟凉透的南瓜泥、100 克淡奶油、20 克水、40 克糖、3 克耐高糖酵母放入面包机内桶。

2. 加入 250 克高筋面粉、50 克低筋面粉、3 克盐。

3. 放入面包机，启动和面程序，和面 30 分钟就好了。

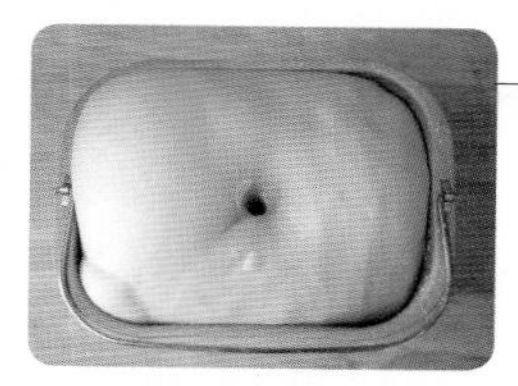

4. 盖好，放温暖的地方发酵 60 ~ 90 分钟，发酵好的面团用手指插洞，洞口不回缩、不塌陷。

5. 案板上撒面粉，把面团放案板上按扁，分成 8 份。

6. 揉圆后码放在不粘烤盘上。

7. 盖好，发酵至明显变胖约 1 倍。

8. 刷全蛋液，撒白芝麻，送入预热好的烤箱，中下层，上下火 180 摄氏度烘烤 25 分钟，上色后及时加盖锡纸。

二狗妈妈碎碎念

1. 南瓜的含水量稍有不同，您要根据实际情况调整面粉用量哟。
2. 如果没有淡奶油，那就用 85 克牛奶替换，和面 15 分钟后要加入 30 克无盐黄油再和 15 分钟。

HULUOBOCANBAO

胡萝卜餐包

宝宝们不爱吃胡萝卜，没关系，我们把胡萝卜做进面包里，不仅颜色好看，吃起来也没有了胡萝卜的“怪”味哟！

◎ 原料 YUANLIAO

胡萝卜糊：
胡萝卜200克
水130克

主面团：
胡萝卜糊300克
糖50克
耐高糖酵母4克
高筋面粉300克
低筋面粉80克
盐3克
无盐黄油30克
全蛋液适量

二狗妈妈碎碎念

1. 胡萝卜加水后用料理机打碎，只需取用300克胡萝卜糊即可。
2. 您也可以把面团揉圆，做成圆餐包。

◎ 做法 ZUOFA

1. 200克胡萝卜加130克水打碎制成糊，取300克糊糊放入面包机内桶。

2. 加入50克糖、4克耐高糖酵母、300克高筋面粉、80克低筋面粉、3克盐。

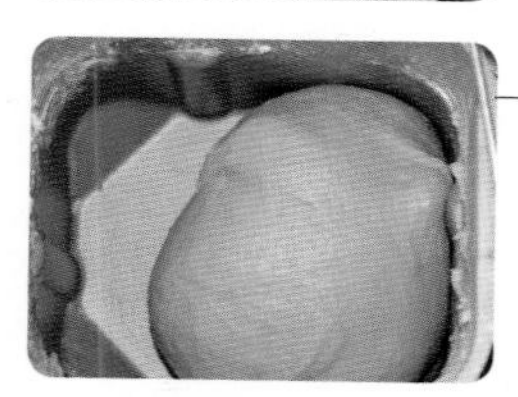

3. 放入面包机，启动和面程序，和面15分钟后加入30克无盐黄油再和15分钟就好了。

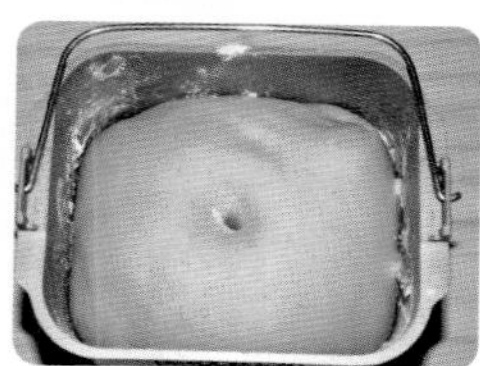

4. 盖好后放温暖的地方发酵60~90分钟，发酵好的面团用手指插洞，洞口不回缩、不塌陷。

5. 案板上撒面粉，把面团放案板上按扁，平均分成12份。

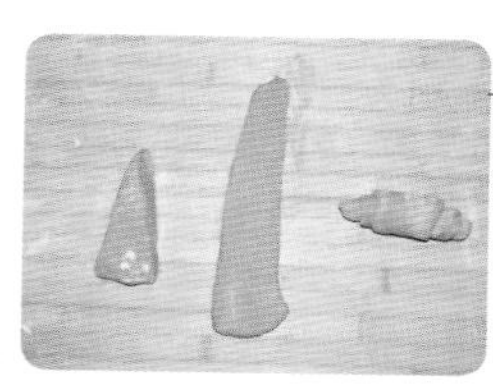

6. 取一块面团，擀开，卷起来，收口朝下。

7. 码放在不粘烤盘上。

8. 盖好，发酵至明显变胖约1倍（室温约60分钟）。

9. 刷全蛋液，撒白芝麻，送入预热好的烤箱，中下层，上下火180摄氏度烘烤25分钟，上色后及时加盖锡纸。

DANNAIYOUDOUFUZHIMACANBAO
淡奶油豆腐
芝麻餐包
面包皮上的芝麻焦香酥脆，
面包里面豆腐和芝麻的搭
配，营养百分百！

◎ 原料 YUANLIAO

北豆腐 100 克
淡奶油 80 克
水 70 克
糖 40 克
耐高糖酵母 3 克
高筋面粉 250 克
低筋面粉 30 克
黑芝麻 20 克
白芝麻适量

二狗妈妈碎碎念

1. 我用的是北豆腐，如果您用南豆腐或者内酯豆腐，那请减少水的用量。
2. 黑芝麻可以换成黑芝麻粉。

◎ 做法 ZUOFA

1. 100 克北豆腐切块放入面包机内桶。

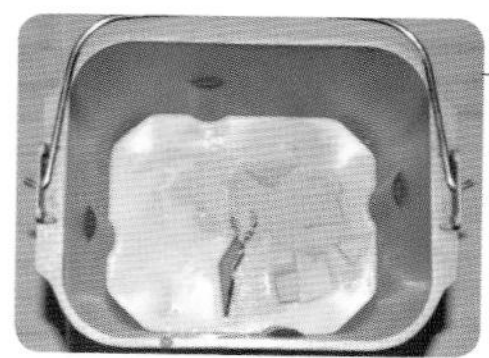

2. 加入 80 克淡奶油、70 克水、40 克糖、3 克耐高糖酵母。

3. 加入 250 克高筋面粉、30 克低筋面粉、20 克黑芝麻。

4. 放入面包机，启动和面程序，和面 30 分钟就好了。

5. 盖好，放在温暖的地方发酵 60～90 分钟，发酵好的面团用手指插洞，洞口不回缩、不塌陷。

6. 案板上撒面粉，把面团放案板上按扁，分成 8 份，分别揉圆，盖好静置 15 分钟。

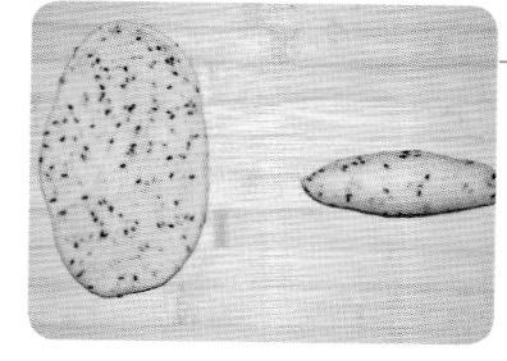

7. 取一块面团擀开，卷成橄榄形，捏紧收口。

8. 把卷好的面团表面刷水，蘸满白芝麻，码放在不粘烤盘上。

9. 盖好，发酵至明显变胖约 1 倍。

10. 送入预热好的烤箱，中下层，上下火 180 摄氏度烘烤 25 分钟，上色后及时加盖锡纸。

HUANGYOUCANBAO

黄油餐包

好浓的香气，好美的一个大面包，一块一块地掰开来，恨不得立刻塞进嘴里……

◎ 原料 YUANLIAO

牛奶 80 克
鸡蛋 1 个
糖 30 克
耐高糖酵母 2 克
高筋面粉 200 克
盐 2 克
无盐黄油 30 克
白芝麻适量
全蛋液适量

二狗妈妈碎碎念

1. 没有蛋糕模具，可以把每块面团揉圆直接码放在烤盘上。
2. 表面装饰随您喜欢，可以不撒芝麻，撒麦片、椰蓉。

◎ 做法 ZUOFA

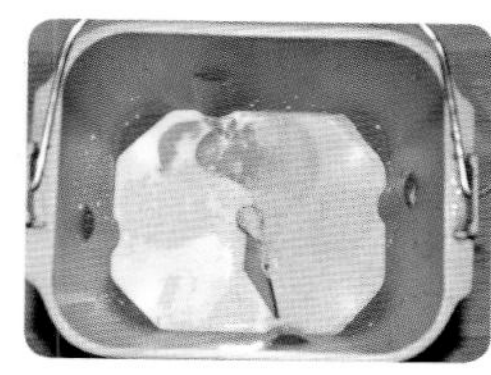

1. 80 克牛奶、1 个鸡蛋、30 克糖、2 克耐高糖酵母放入面包机内桶。

2. 加入 200 克高筋面粉、2 克盐。

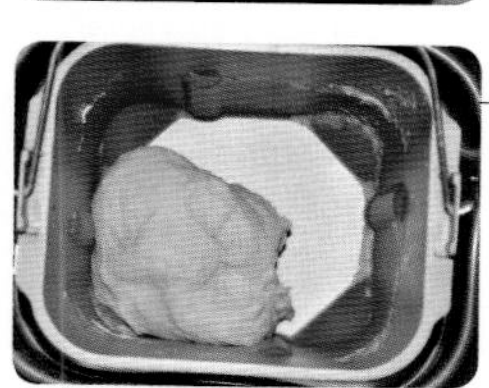

3. 放入面包机，启动和面程序，和面 15 分钟后加入 30 克无盐黄油，再和 15 分钟就好了。

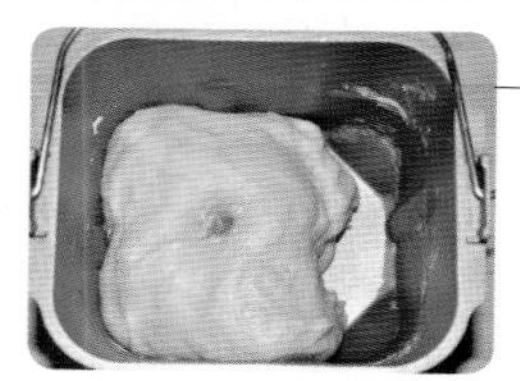

4. 盖好，放温暖的地方发酵 60～90 分钟，发酵好的面团用手指插洞，洞口不回缩、不塌陷。

5. 案板上撒面粉，把面团放案板上按扁，平均分成 8 份。

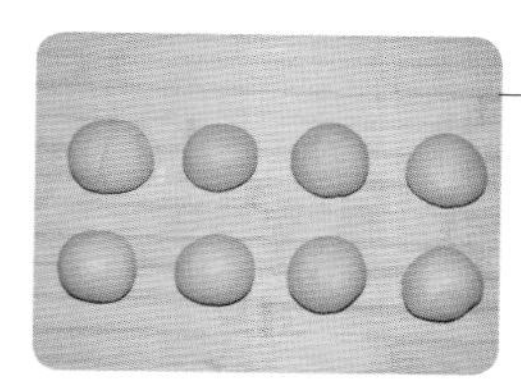

6. 全部揉圆。

7. 码放在 8 寸不粘蛋糕模具中。

8. 盖好，发酵明显变胖约 1 倍。

9. 刷全蛋液、撒白芝麻后送入预热好的烤箱，中下层，上下火 180 摄氏度烘烤 25 分钟，上色后及时加盖锡纸。

BAIMIANBAO

白面包

这是面包界的白雪公主吧？那么美，美得让心都能安静下来……

◎ 原料 YUANLIAO

牛奶 140 克
糖 30 克
耐高糖酵母 2 克
高筋面粉 200 克
奶粉 20 克
盐 2 克
无盐黄油 20 克

二狗妈妈碎碎念

1. 中间那个压痕，不喜欢可以不压。如果喜欢，那就要整形好后压一次，入炉前压一次，出炉后再压一次，这样造型会比较漂亮。
2. 因为要保持表面的洁白颜色，所以全程加盖锡纸烘烤。
3. 出炉撒糖粉装饰。
4. 这款面包我省略了基础发酵，烤出来的面包口感稍韧，如果喜欢口感更柔软，那就揉好面团后盖好发酵至 2 倍大。

◎ 做法 ZUOFA

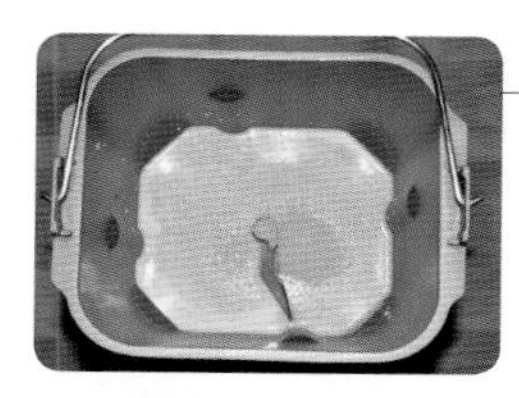

1. 140 克牛奶倒入面包机内桶，加入 30 克糖、2 克耐高糖酵母。

2. 加入 200 克高筋面粉、20 克奶粉、2 克盐。

3. 放入面包机，启动和面程序，和面 15 分钟后加入 20 克无盐黄油，再和 15 分钟就好了。

4. 案板上撒面粉，把面团直接放到案板上，分成 6 份。

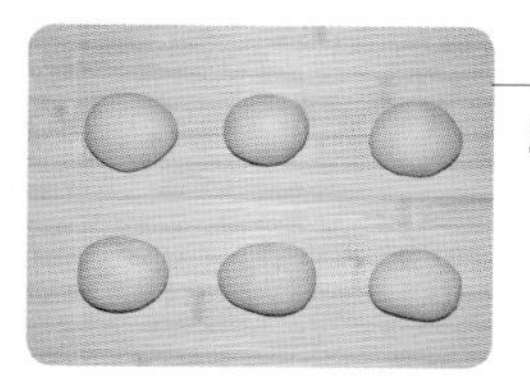

5. 分别揉圆。

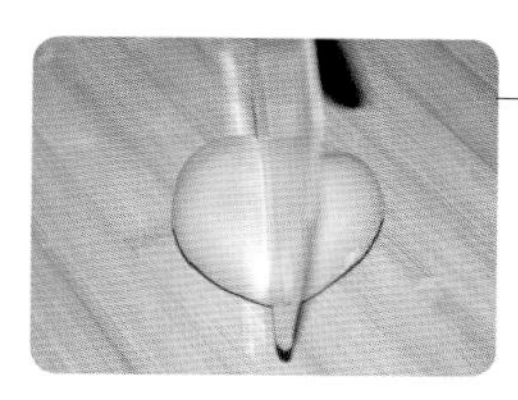

6. 用刮板背或者刀背在中间压一下。

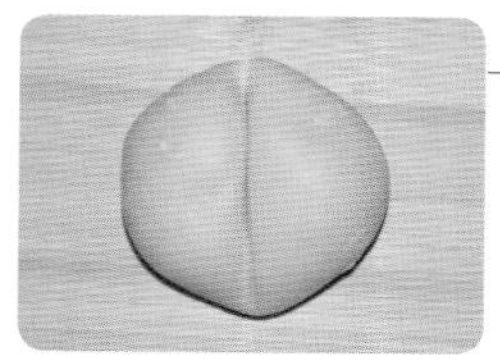

7. 压完的样子。

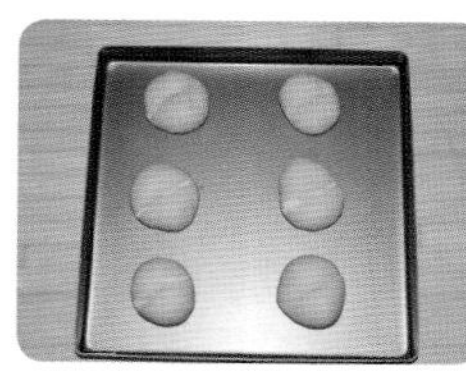

8. 码放在不粘烤盘上。

9. 盖好，发酵明显变胖约 1 倍，再按压一次中间的印痕，表面筛高筋面粉。

10. 盖上锡纸，送入预热好的烤箱，中下层，上下火 180 摄氏度烘烤 20 分钟。

DANNAIYOULAOSHIMIANBAO

淡奶油老式面包（中种法）

丝丝缕缕，散发着浓郁的奶香，这怎么可以只能用“好吃”来形容呢？

◎ 原料 YUANLIAO

中种面团：
淡奶油 100 克
牛奶 120 克
糖 30 克
耐高糖酵母 6 克
高筋面粉 200 克
低筋面粉 100 克

主面团：
淡奶油 100 克
牛奶 80 克
鸡蛋 1 个
糖 60 克
高筋面粉 250 克
低筋面粉 50 克
盐 6 克
黄油适量

◎ 做法 ZUOFA

1. 100克淡奶油、120克牛奶倒入盆中，加入30克糖、6克耐高糖酵母，搅匀。

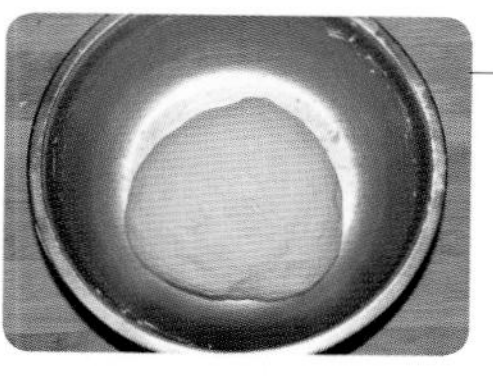

2. 加入200克高筋面粉、100克低筋面粉，揉成面团。

3. 盖好，室温发酵约4小时（或冰箱冷藏17～20小时）。

4. 把发酵好的面团撕成小块放进面包机内桶，再加上100克淡奶油、60克糖、80克牛奶、1个鸡蛋、250克高筋面粉、50克低筋面粉、6克盐。

5. 放入面包机，启动和面程序，和面30分钟就好了。

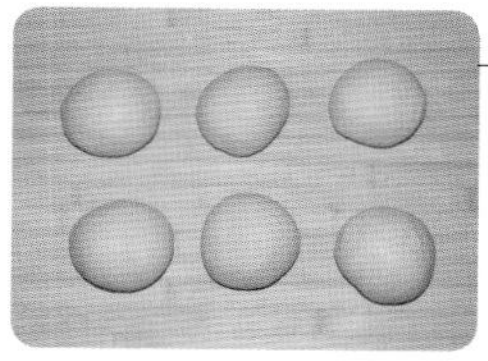

6. 把揉好的面团直接放案板上分成6份，揉圆盖好静置15分钟。

7. 取一块面团擀开，卷起来，捏紧收口。

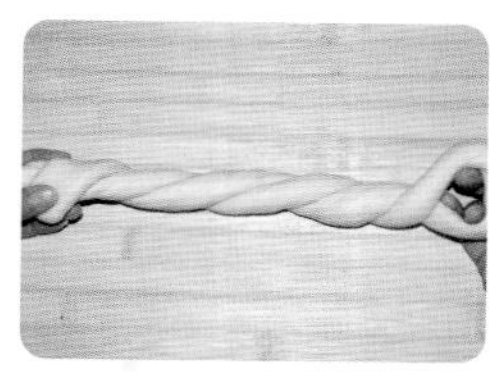

8. 静置15分钟后，搓长，对折，扭起来。

9. 卷起来，把左手尾端面条塞进右手的洞里。

10. 全部整理好，放入深烤盘。

11. 盖好，发酵至明显变胖约1倍。

12. 送入预热好的烤箱，中下层，上下火190摄氏度烘烤35分钟，稍微上色就加盖锡纸，出炉后刷熔化的黄油。

二狗妈妈碎碎念

1. 此款面包淡奶油含量较大，揉好的面团不粘手，非常有弹性，所以案板上无须撒面粉防粘。
2. 这样的整形方法是老式面包的特色，成品才能出现丝丝缕缕的拉丝效果。
3. 整形的时候，面团搓长时觉得回缩太厉害，那就盖好静置10分钟后再操作。

蜂蜜是天然的保湿剂，此款面包非常绵密，吃起来有着淡淡的甜香……

FENGMIMEIGUIHUAMIANBAO

蜂蜜玫瑰花面包（老面法）

◎ 原料 YUANLIAO

老面面团：
水 60 克
耐高糖酵母 1 克
高筋面粉 100 克

主面团：
牛奶 160 克
蜂蜜 45 克
糖 20 克
耐高糖酵母 3 克
高筋面粉 200 克
低筋面粉 50 克
盐 4 克
无盐黄油 30 克
白芝麻适量

◎ 做法 ZUOFA

1. 60克水、1克耐高糖酵母、100克高筋面粉揉成面团。

2. 盖好，冷藏发酵17～24小时，至面团发酵约3倍大。

3. 把老面面团撕成块，放进面包机内桶，加入160克牛奶、45克蜂蜜、20克糖、3克耐高糖酵母、200克高筋面粉、50克低筋面粉、4克盐。

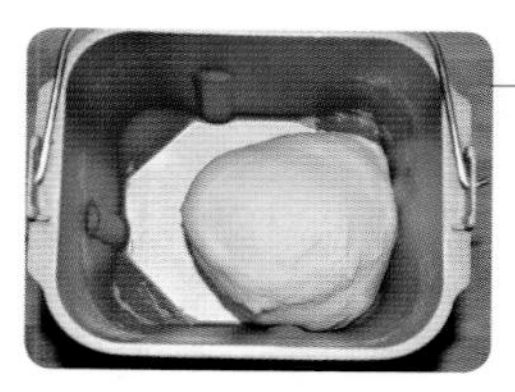

4. 放入面包机，启动和面程序，和面15分钟后加入30克无盐黄油再和15分钟就好了。

5. 盖好，放温暖的地方发酵60～90分钟，发酵好的面团用手指插洞，洞口不回缩、不塌陷。

6. 案板上撒面粉，把面团放案板上分成6份。

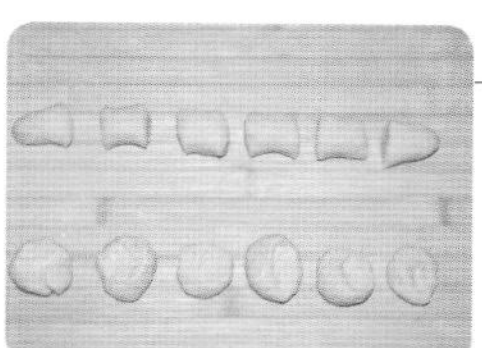

7. 把每份面团搓长，分成6份，按扁。

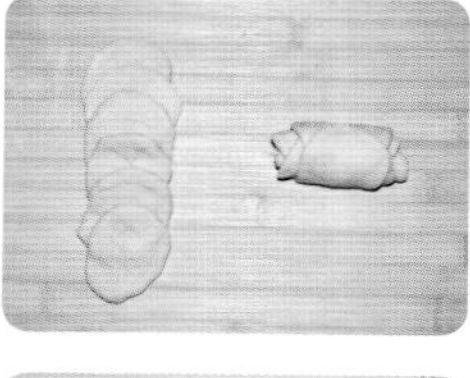

8. 擀成圆片，错开叠放，自下向上卷起来。

9. 中间切开，切面朝下，形成两朵玫瑰花。

10. 把玫瑰花码放在烤盘中。

11. 盖好，发酵至明显变胖约1倍，刷全蛋液，撒白芝麻。

12. 送入预热好的烤箱，中下层，上下火180摄氏度烘烤30分钟，上色后及时加盖锡纸。

二狗妈妈碎碎念

1. 如果没有方形蛋糕模具，那就直接把面包码放在不粘烤盘上。
2. 老面面团也可以室温发酵约3小时。
3. 不喜欢这个整形方法，可以换您喜欢的任何造型。

排包

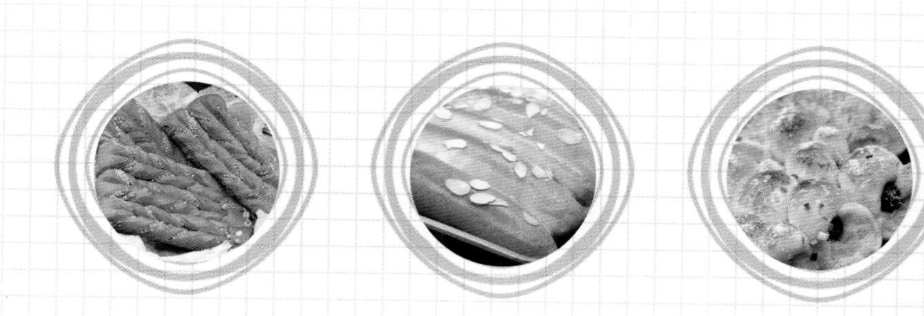

我理解的排包，就是“排排坐”的面包……最喜欢的就是排包出炉，一条一条把它们撕开来，看到丝丝缕缕的面包拉丝，闻着扑鼻的香气，感觉真的是棒极了！

奶香排包和奶酪排包都是在微博上非常受大家欢迎的面包，这次也一并收录进来，另外 9 款都是新方子，经过邻居和同事朋友们的鉴定：“好吃极了！”

NAIXIANGPAIBAO

奶香排包

这是微博里面点击率很高的一款面包，简单易操作，口感又很柔软，很多小朋友都很喜欢呢……

◎ 原料 YUANLIAO

牛奶 210 克
鸡蛋 1 个
糖 50 克
耐高糖酵母 4 克
高筋面粉 360 克
奶粉 30 克
盐 3 克
无盐黄油 30 克
全蛋液适量

◎ 做法 ZUOFA

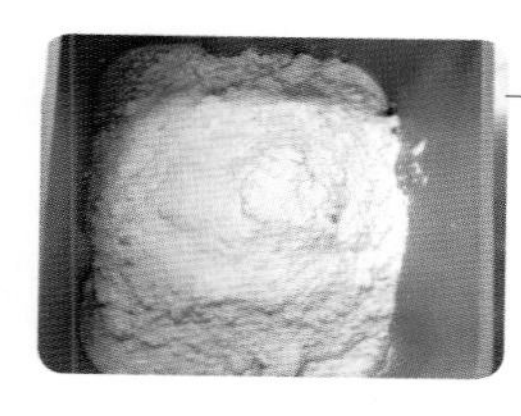

1. 210 克牛奶、1 个鸡蛋放入面包机内桶，加入 50 克糖、4 克耐高糖酵母、360 克高筋面粉、30 克奶粉、3 克盐。

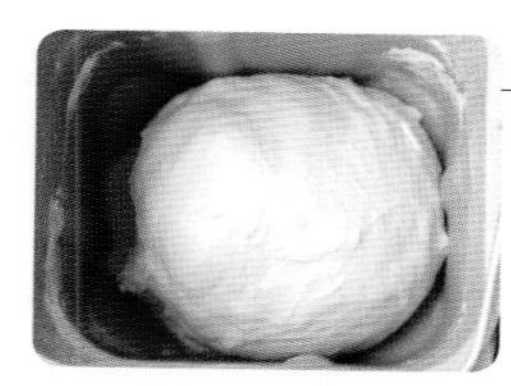

2. 放入面包机，启动和面程序，和面 15 分钟后加入 30 克无盐黄油再和 15 分钟就好了。

3. 盖好，放温暖的地方发酵 60～90 分钟，发酵好的面团用手指插洞，洞口不回缩、不塌陷。

4. 案板上撒面粉，把面团放案板上平均分成 8 份，揉圆，盖好，静置 15 分钟。

5. 取一块面团擀开，卷起来。

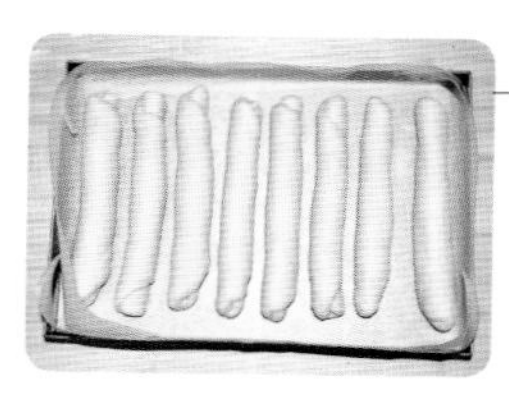

6. 搓长后码放在烤盘上。

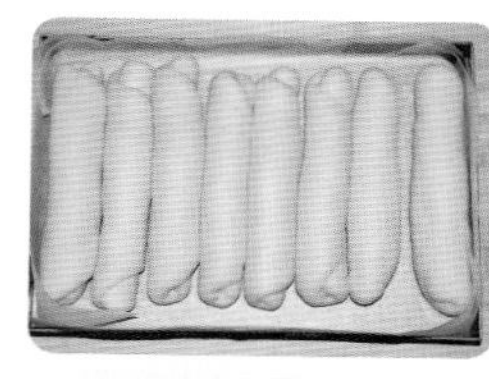

7. 盖好，发酵至明显变胖约 1 倍。

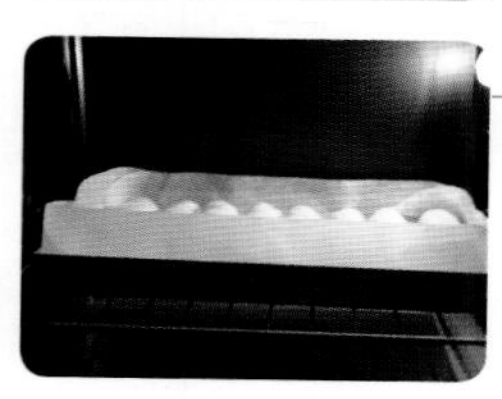

8. 刷全蛋液，送入预热好的烤箱，中下层，上下火 180 摄氏度烘烤 30 分钟，上色后及时加盖锡纸。

二狗妈妈碎碎念

1. 面团擀开卷好后，可以盖好静置 5 分钟再搓长，这样比较容易操作。
2. 烤盘尺寸无所谓，只要放得下就可以。

NAILAOPAIBAO

奶酪排包

非常柔软，非常好吃，满口的奶酪香……

◎ 原料 YUANLIAO

面团：
奶油奶酪 60 克
牛奶 260 克
糖 50 克
耐高糖酵母 4 克
高筋面粉 300 克
低筋面粉 80 克
盐 4 克
无盐黄油 30 克
全蛋液适量
大杏仁片适量

奶酪馅：
奶油奶酪 200 克
糖 20 克
蔓越莓干 50 克

◎ 做法 ZUOFA

1. 60 克奶油奶酪放入面包机内桶。

2. 加入 260 克牛奶、50 克糖、4 克耐高糖酵母、300 克高筋面粉、80 克低筋面粉、4 克盐。

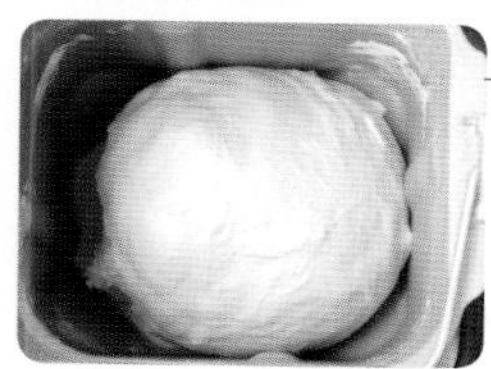

3. 放入面包机，启动和面程序，和面 15 分钟后加入 30 克无盐黄油再和 15 分钟就好了。

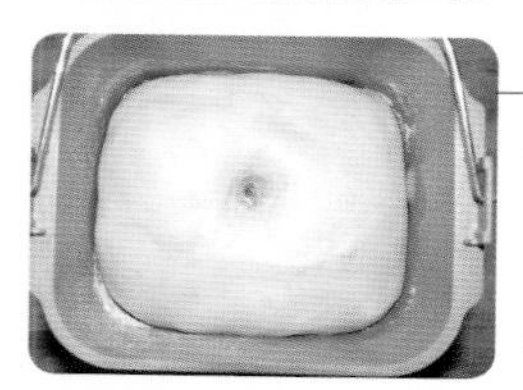

4. 盖好，放温暖的地方发酵 60～90 分钟，发酵好的面团用手指插洞，洞口不回缩、不塌陷。

5. 面团发酵的时间，我们来做奶酪馅。200 克奶油奶酪加 20 克糖隔热水搅至顺滑，加入 50 克切碎的蔓越莓干。

6. 拌匀后装入裱花袋备用。

7. 案板上撒面粉，把面团放案板上分成 8 份，揉圆，盖好静置 15 分钟。

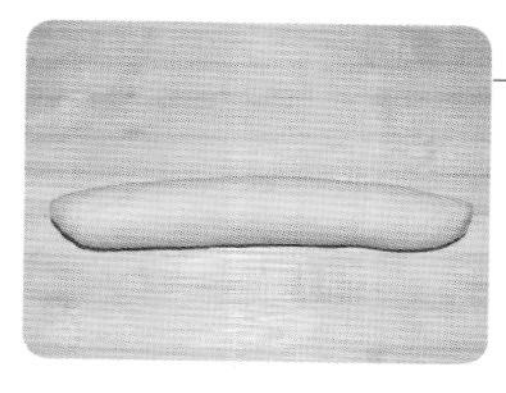

8. 擀开成椭圆形，在底边挤一条奶酪馅。

9. 自下向上卷起来，捏紧收口。

10. 搓长，码放在不粘烤盘上。

11. 盖好，发酵至明显变胖约 1 倍。

12. 刷全蛋液，撒大杏仁片，送入预热好的烤箱，中下层，上下火 180 摄氏度烘烤 30 分钟，上色后及时加盖锡纸。

二狗妈妈碎碎念

1. 面团擀开卷好后，可以盖好静置 5 分钟再搓长，就比较容易操作了。
2. 烤盘尺寸无所谓，只要放得下就行。
3. 如果喜欢甜食，可以在奶酪馅里适当增加糖的用量。

KEKEGANGUOPAIBAO
可可干果排包
可可的浓郁口感，混合各式果干的香气，好像一口咬到了丰收的秋天……

◎ 原料 YUANLIAO

牛奶 210 克
鸡蛋 1 个
糖 50 克
耐高糖酵母 4 克
高筋面粉 370 克
可可粉 20 克
盐 3 克
无盐黄油 30 克

配料：
各种干果约 100 克
全蛋液适量
蔓越莓干 30 克

二狗妈妈碎碎念

1. 干果可根据自己的喜好选择，如果是核桃仁、腰果、大杏仁等较大的干果，那需要切碎再用。
2. 铺好干果后，用手按压结实后再操作下一步。
3. 烤盘尺寸不作要求，只要放得下面团就可以了。
4. 此款面包省略了基础发酵，口感也不错哟。

◎ 做法 ZUOFA

1. 210 克牛奶、1 个鸡蛋放入面包机内桶，加入 50 克糖、4 克耐高糖酵母、370 克高筋面粉、20 克可可粉、3 克盐。

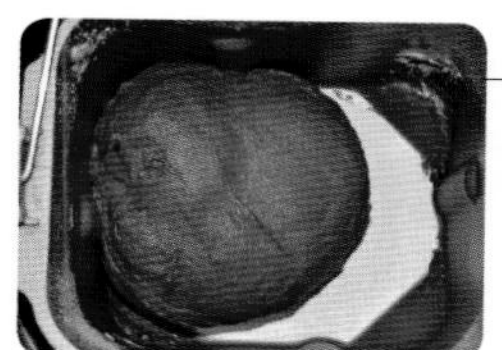

2. 放入面包机，启动和面程序，和面 15 分钟后加入 30 克无盐黄油，再和 15 分钟就好了。

3. 加入 30 克蔓越莓干，再次启动和面程序，约 3 分钟，把干果和进面团就可以了。

4. 案板上撒面粉，把面团直接放案板上。

5. 擀成长方形。

6. 在面片下半部分刷全蛋液，铺一层您喜欢的干果。

7. 把面片自上向下对折，轻擀。

8. 擀好的面片切成 3 厘米宽的长条。

9. 每一条都扭几下，码放在不粘烤盘上。

10. 将扭好的面团盖好，发酵至明显变胖约 1 倍。

11. 送入预热好的烤箱，中下层，上下火 180 摄氏度烘烤 30 分钟，上色后及时加盖锡纸。

NANGUAROUSONGMEIGUIHUAPAIBAO

南瓜肉松玫瑰花排包

美丽的玫瑰花，谁会想到花瓣里藏着丝丝的肉松？好美妙……

◎ 原料 YUANLIAO

南瓜泥 200 克
水 180 克
糖 50 克
耐高糖酵母 5 克
高筋面粉 440 克
低筋面粉 100 克
盐 5 克
无盐黄油 40 克

配料：
沙拉酱适量
肉松适量
全蛋液适量

◎ 做法 ZUOFA

1. 200 克蒸熟凉透的南瓜泥放入面包机内桶，加入 180 克水，50 克糖、5 克耐高糖酵母。

2. 再加入 440 克高筋面粉、100 克低筋面粉、5 克盐。

3. 放入面包机，启动和面程序，和面 15 分钟后加入 40 克无盐黄油再和 15 分钟就好了。

4. 案板上撒面粉，把面团直接拿到案板上按扁，分成 16 份。

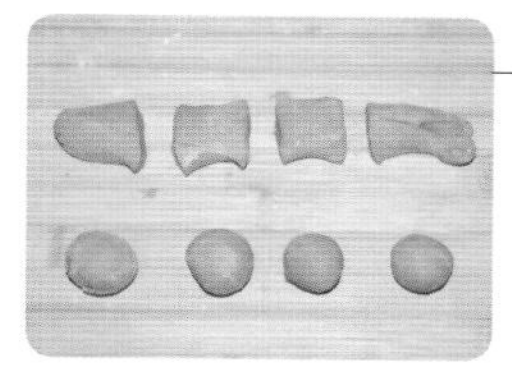

5. 取一份面团搓长，分成 4 份，揉圆。

6. 擀成圆片后，错开叠放，中间挤沙拉酱。

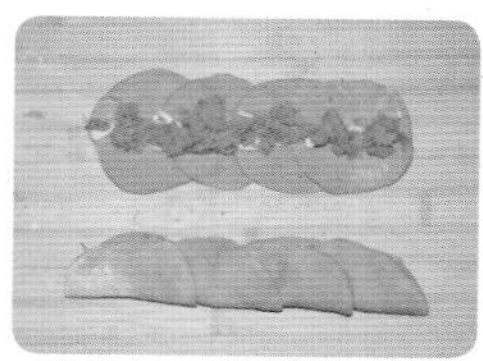

7. 在沙拉酱上码放肉松，从下向上对折。

8. 再从左向右卷起来，玫瑰花就出现啦。

9. 全部做好，码放在 28 厘米 ×28 厘米的正方形烤盘上。

10. 盖好，待玫瑰面团发酵明显变胖约 1 倍。

11. 表面刷全蛋液，送入预热好的烤箱，中下层，上下火 180 摄氏度烘烤 35 分钟，上色后及时加盖锡纸。

二狗妈妈碎碎念

1. 肉松不要放太多，以免卷起来影响美观。
2. 南瓜泥含水量不同，请根据实际情况调整面粉用量。
3. 此款面包省略了基础发酵环节，口感也不错哟。

DANNAIYOULIANRUZIMIPAIBAO

淡奶油炼乳紫米排包

秋日午后，树叶已开始泛黄，这款有着紫色连衣裙的面包出炉了，像秋天的使者，像等待王子的灰姑娘……

◎ 原料 YUANLIAO

淡奶油 100 克
炼乳 50 克
水 150 克
糖 20 克
耐高糖酵母 4 克
高筋面粉 300 克
紫米面 60 克
盐 4 克

配料：
白芝麻约 20 克
全蛋液适量

二狗妈妈碎碎念

1. 不喜欢吃芝麻，可以不放，也可以换成其他您喜欢的果干碎。
2. 炼乳可以用等量蜂蜜替换。
3. 紫米面可以用等量杂粮粉替换。
4. 此款面包省略了基础发酵环节，口感也不错哟。

◎ 做法 ZUOFA

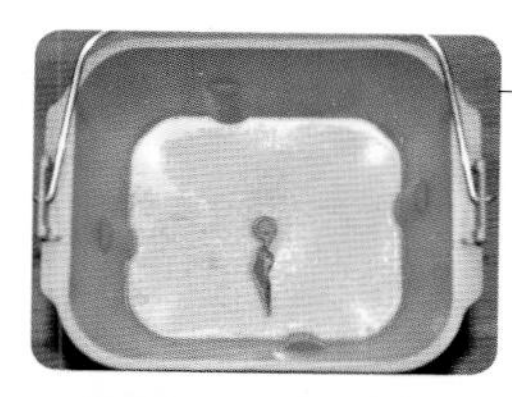

1. 将 100 克淡奶油、50 克炼乳、150 克水倒入面包机内桶，加入 20 克糖、4 克耐高糖酵母。

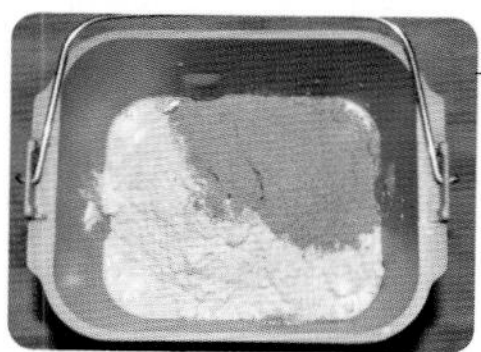

2. 再加入 300 克高筋面粉、60 克紫米面、4 克盐。

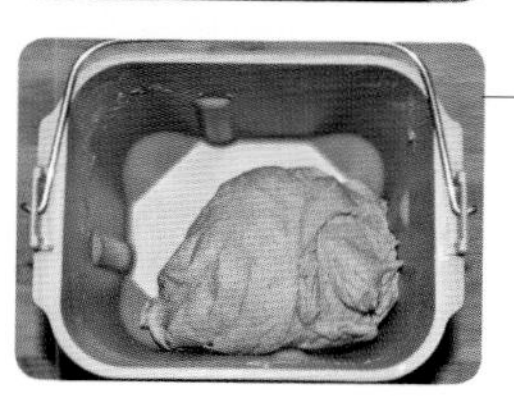

3. 放入面包机，启动和面程序，和面 30 分钟就好了。

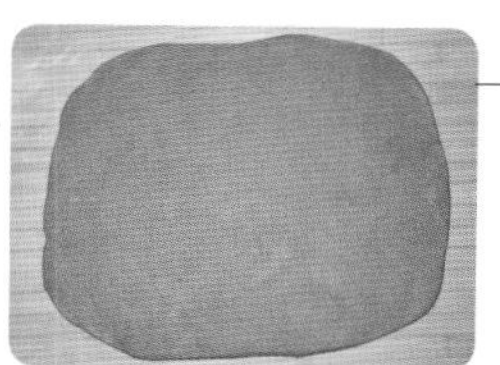

4. 案板上撒面粉，把面团直接放到案板上，擀开（边长约 38 厘米的正方形）。

5. 刷一层全蛋液，撒一层白芝麻，用手按按，让白芝麻粘得更紧。

6. 上下对折面片。

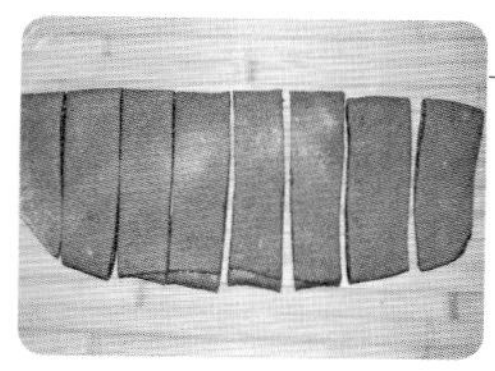

7. 将折好的面片平均分成 8 条。

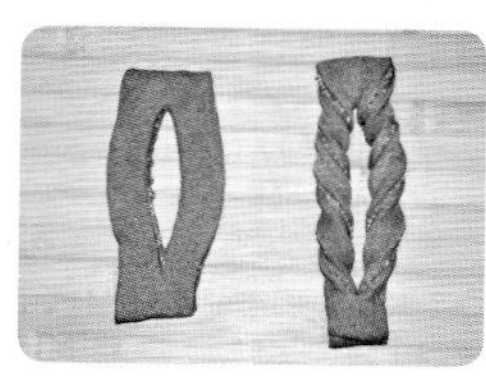

8. 取一条面片，中间划一刀，注意上下两端不要划断哟！拿起一端从中间的洞中掏出，共掏两次。

9. 码放在不粘烤盘上。

10. 将面团盖好，发酵至明显变胖约 1 倍。

11. 刷全蛋液后送入预热好的烤箱，中下层，上下火 180 摄氏度烘烤 20 分钟，上色后及时加盖锡纸。

CAOMEIGUOJIANGBIANZIPAIBAO

草莓果酱辫子排包（波兰种）

把果酱做进面包里，每一口都好像吃到了好多好多的水果……

◎ 原料 YUANLIAO

波兰种：
水 100 克
耐高糖酵母 1 克
高筋面粉 100 克

主面团：
牛奶 100 克
草莓酱 100 克
糖 20 克
耐高糖酵母 3 克
高筋面粉 230 克
低筋面粉 60 克
盐 4 克
无盐黄油 35 克

◎ 做法 ZUOFA

1. 100 克水、1 克耐高糖酵母、100 克高筋面粉搅匀。

2. 发酵至表面全部是蜂窝状（室温约 3 小时）。

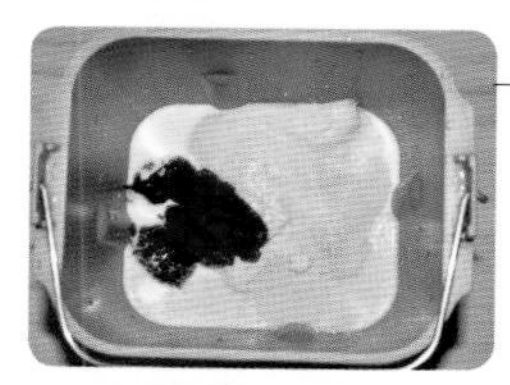

3. 把所有波兰种放入面包机内，加入 100 克牛奶、100 克草莓酱、20 克糖、3 克耐高糖酵母。

4. 再加入 230 克高筋面粉、60 克低筋面粉、4 克盐。

5. 放入面包机，启动和面程序，和面 15 分钟后加入 30 克无盐黄油再和 15 分钟就好了。

6. 盖好，放温暖的地方发酵 60～90 分钟，发酵好的面团用手指插洞，洞口不回缩、不塌陷。

7. 案板上撒面粉，把面团放案板上平均分成 18 份，揉圆盖好静置 15 分钟。

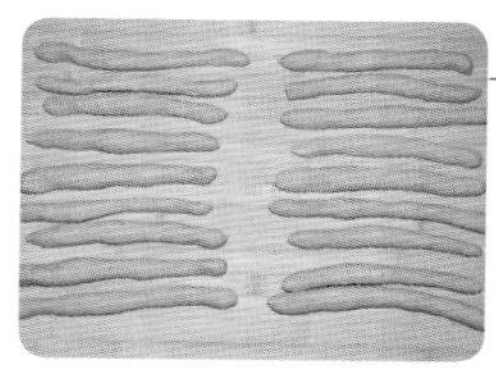

8. 分别搓长，盖好再静置 10 分钟。

9. 面条再搓长，3 个 1 组编成辫子。

10. 码放在不粘烤盘上。

11. 盖好，发酵至明显变胖约 1 倍。

12. 送入预热好的烤箱，中下层，上下火 190 摄氏度烘烤 30 分钟，上色后及时加盖锡纸，出炉立即刷熔化的黄油。

二狗妈妈碎碎念

1. 波兰种可以室温发酵 1 小时后转入冰箱冷藏 17 小时左右，效果更好哟。
2. 草莓酱可以换成自己喜欢的其他果酱。

小香肠排包

每一个小卷里面都藏着一根小香肠，是不是很可爱？

◎ 原料 YUANLIAO

牛奶 200 克
鸡蛋 1 个
糖 30 克
耐高糖酵母 4 克
高筋面粉 300 克
低筋面粉 80 克
盐 4 克
无盐黄油 20 克

配料：
小香肠（长度约 5 厘米）22 根
奶酪粉少许
香葱碎少许
全蛋液适量

二狗妈妈碎碎念

1. 面团搓长时候如果不好操作，可盖好再静置 5 分钟，这样就比较容易操作了。
2. 小香肠选用长度约 5 厘米的比较合适，如果香肠太长，那就剪短一些再使用。
3. 没有奶酪粉和香葱碎可以不放。

◎ 做法 ZUOFA

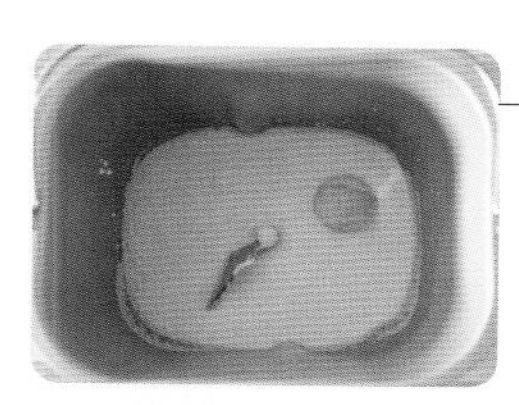

1. 200 克牛奶、1 个鸡蛋、30 克糖、4 克耐高糖酵母放入面包机内桶。

2. 加入 300 克高筋面粉、80 克低筋面粉、4 克盐。

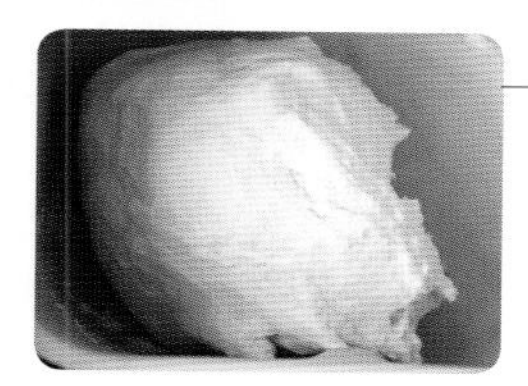

3. 放入面包机，启动和面程序，和面 15 分钟后加入 20 克无盐黄油再和 15 分钟就好了。

4. 发酵 60 ~ 90 分钟，发酵好的面团用手指插洞，洞口不回缩、不塌陷。

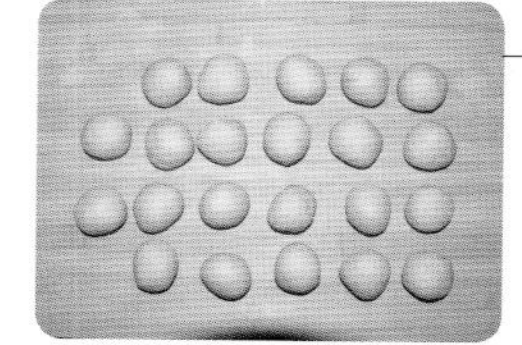

5. 案板上撒面粉，把面团分成 22 个 30 克的小面团，盖好，静置 15 分钟。

6. 准备好 22 根小香肠。

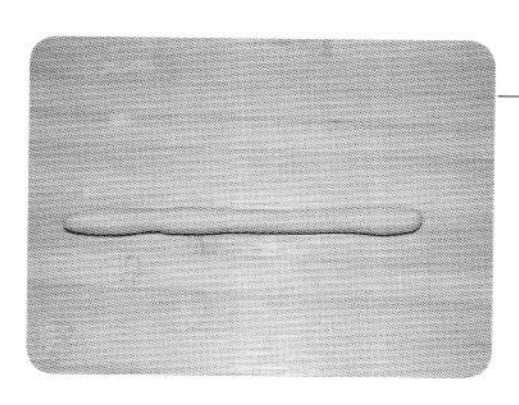

7. 把面团搓长。

8. 用面条把小香肠缠绕住。

9. 全部卷好后分 3 排码放在 35 厘米 ×25 厘米的长方形不粘烤盘中。

10. 盖好，发酵至明显变胖约 1 倍（室温约 60 分钟）。

11. 刷全蛋液，撒奶酪粉和香葱碎。

12. 送入预热好的烤箱，中下层，上下火 190 摄氏度烘烤 30 分钟，上色后及时加盖锡纸。

YEXIANGXIAOPAIBAO

椰香小排包（波兰种）

向日葵绽放啦，好像一个个笑脸一般……椰香面包出炉啦，散发着自己的芬芳……

◎ 原料 YUANLIAO

波兰种：
水 100 克
耐高糖酵母 1 克
高筋面粉 100 克

主面团：
牛奶 100 克
鸡蛋 2 个
糖 60 克
耐高糖酵母 3 克
高筋面粉 300 克
低筋面粉 60 克
盐 4 克
无盐黄油 30 克

配料：
无盐黄油约 10 克
椰蓉约 20 克
大杏仁片少许
全蛋液适量

二狗妈妈碎碎念

1. 配料中的无盐黄油要提前熔化。
2. 您如果不喜欢椰蓉，可以用喜欢的坚果碎替换。

◎ 做法 ZUOFA

1. 将 100 克水、1 克耐高糖酵母、100 克高筋面粉搅匀。

2. 发酵至表面全部是蜂窝状（室温约 3 小时）。

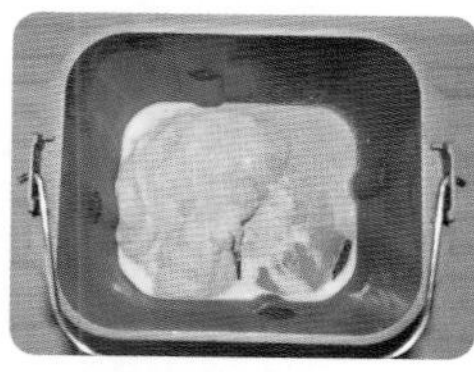

3. 把所有波兰种放入面包机内桶，加 100 克牛奶、2 个鸡蛋、3 克耐高糖酵母、60 克糖。

4. 再加入 300 克高筋面粉、60 克低筋面粉、4 克盐。

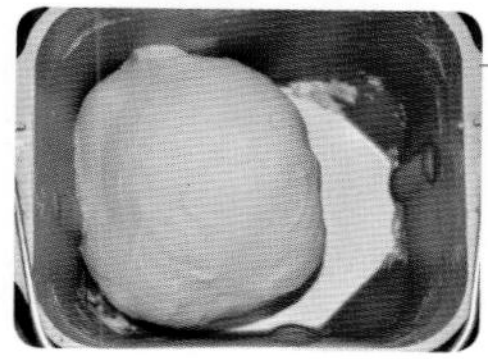

5. 放入面包机，启动和面程序，和面 15 分钟后加入 30 克无盐黄油再和 15 分钟就好了。

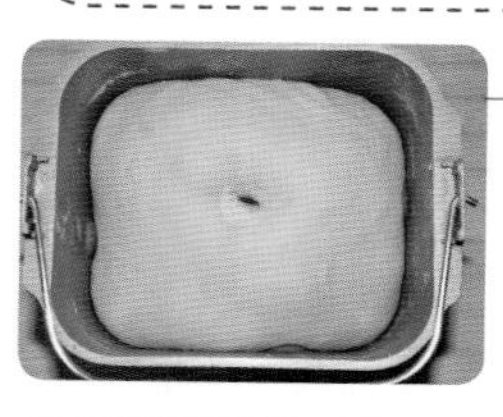

6. 盖好，放温暖的地方发酵 60～90 分钟，发酵好的面团用手指插洞，洞口不回缩、不塌陷。

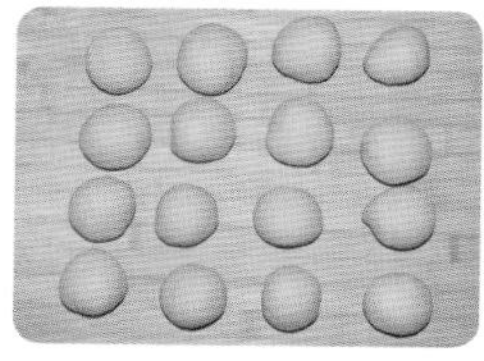

7. 案板上撒面粉，把面团放案板上按扁。平均分成 16 份，揉圆盖好静置 15 分钟。

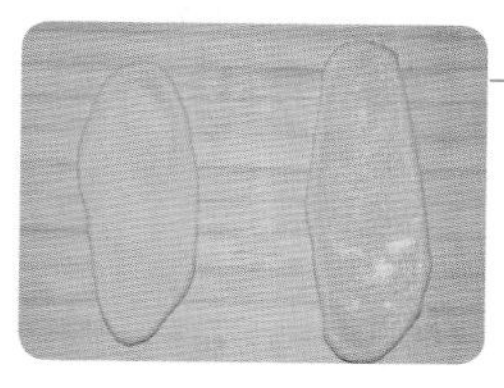

8. 取一块面团擀长，刷无盐黄油、撒椰蓉。

9. 对折后卷起来。

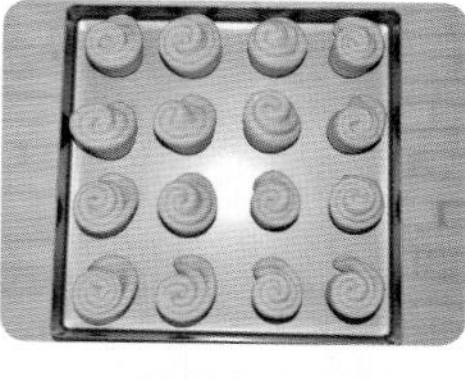

10. 依次做好所有面包，码放在 28 厘米的不粘烤盘上。

11. 盖好，发酵至明显变胖约 1 倍，刷全蛋液，装饰大杏仁片。

12. 送入预热好的烤箱，中下层，上下火 190 摄氏度烘烤 30 分钟，上色后及时加盖锡纸。

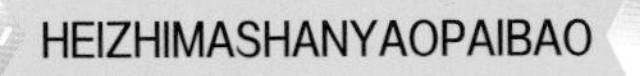

黑芝麻山药排包

这款面包的特别之处就是这美味的山药馅，淡淡的清甜口感，搭配黑芝麻的香气，真的很好吃……

◎ 原料 YUANLIAO

主面团：
淡奶油 150 克
水 80 克
鸡蛋 1 个
糖 50 克
耐高糖酵母 4 克
高筋面粉 340 克
黑芝麻粉 50 克
盐 4 克
全蛋液适量

山药馅：
蒸熟的山药 300 克
淡奶油 100 克
蜂蜜 50 克

表面饼干面糊：
无盐黄油 30 克
糖 5 克
低筋面粉 30 克

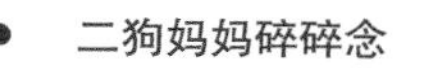

二狗妈妈碎碎念

1. 山药含水量不同，您要根据实际情况调整淡奶油的用量。不喜欢蜂蜜，可以用炼乳替换。
2. 烤盘尺寸没有限制，只要放得下面团就可以了。
3. 表面装饰的饼干面糊可以不放。
4. 出炉凉透后切块就可以食用啦。

◎ 做法 ZUOFA

1. 150 克淡奶油、80 克水，倒入面包机内桶，加入 1 个鸡蛋、50 克糖、4 克耐高糖酵母、340 克高筋面粉、50 克黑芝麻粉、4 克盐。

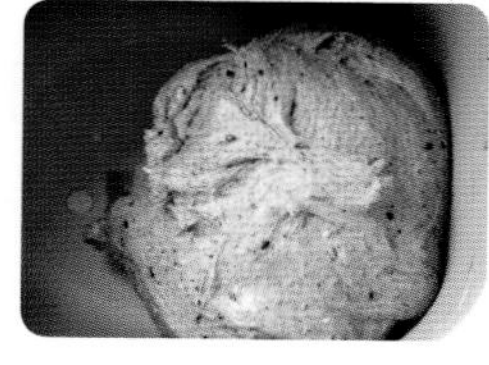

2. 放入面包机，启动和面程序，和面 30 分钟就好了。

3. 盖好，放温暖的地方发酵 60～90 分钟，发酵好的面团用手指插洞，洞口不回缩、不塌陷。

4. 面团发酵的时间，我们来做山药馅。300 克蒸熟凉透的山药压成泥，加 100 克淡奶油、50 克蜂蜜搅拌均匀备用。

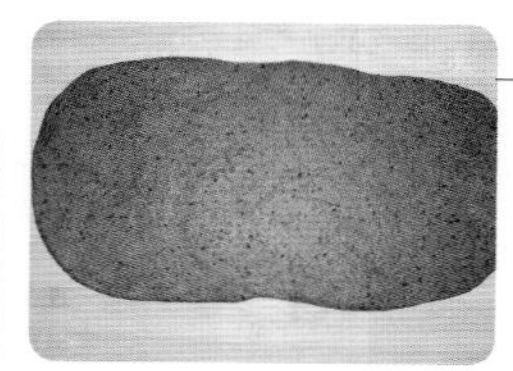

5. 案板上撒面粉，把面团放案板上直接擀成长方形。

6. 把一半山药馅铺在中间（约占整个面片的 1/3）。

7. 左边面片往中间折，盖住山药馅。

8. 再把另外一半山药馅铺在上面。

9. 把右边面片往中间折，盖住山药馅。

10. 放入不粘烤盘。

11. 盖好，发酵至明显变胖约 1 倍。

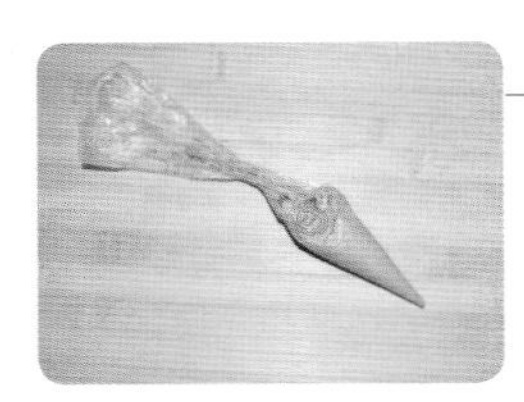

12. 等待发酵时，我们把 30 克软化好的无盐黄油加 5 克糖和 30 克低筋面粉拌匀，放入裱花袋备用。

13. 刷全蛋液，用裱花袋挤出你喜欢的图案。

14. 送入预热好的烤箱，中下层，上下火 190 摄氏度烘烤 30 分钟，上色后及时加盖锡纸。

YERONGPUTAOSUPIPAIBAO

椰蓉葡萄酥皮排包

酥皮的酥香，椰蓉的芬芳，加上葡萄干的点缀，
嗯……美妙的感觉瞬间萦绕……

◎ 原料 YUANLIAO

主面团：
牛奶 210 克
糖 35 克
耐高糖酵母 3 克
高筋面粉 250 克
低筋面粉 50 克
盐 3 克
无盐黄油 55 克

椰蓉馅：
无盐黄油 50 克
糖粉 35 克
全蛋液 50 克
椰蓉 70 克
葡萄干 50 克

二狗妈妈碎碎念

1. 如果没有拉网刀，可以把酥皮切成条，在表面交错搭成格子形状。

2. 酥皮面团的硬度和黄油的硬度基本一致才好操作哟。

3. 模具选您家里有的，比如说 8 寸蛋糕模具，或者是用 2 个吐司模具都可以。如果是用 2 个吐司模具做，您要把所有材料都一分为二哟。

◎ 做法 ZUOFA

1. 210 克牛奶倒入面包机内桶，加入 35 克糖、3 克耐高糖酵母、250 克高筋面粉、50 克低筋面粉、3 克盐。

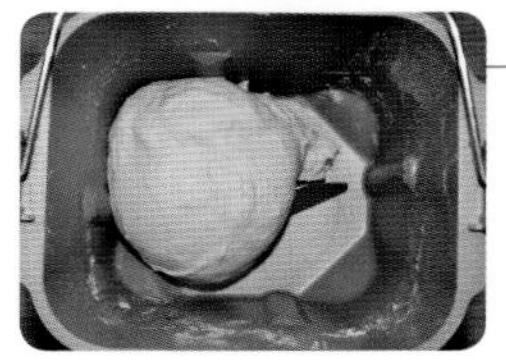

2. 放入面包机，启动和面程序，和面 15 分钟后加入 20 克无盐黄油再和 15 分钟就好了。

3. 把面团放案板上切下来 1/3。

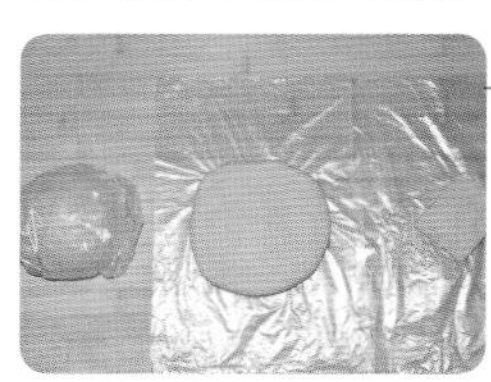

4. 大面团用保鲜袋包好备用，小面团擀开后放入冰箱冷冻 30 分钟，此时准备好一块 35 克的无盐黄油，放室温回温。

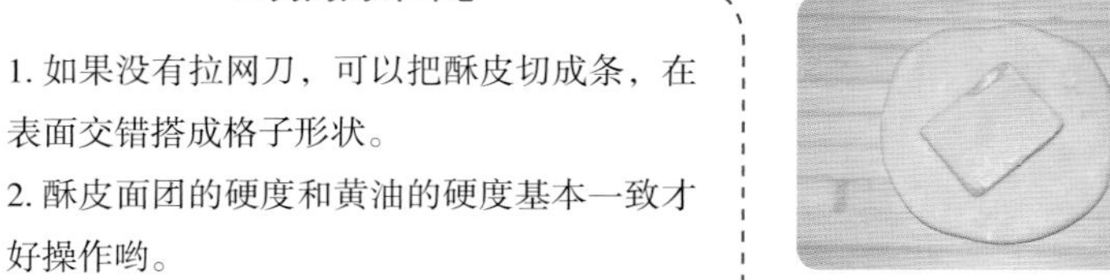

5. 把冷冻好的面团擀开，把黄油放在中间。

6. 提起四角，包住黄油，捏紧收口。

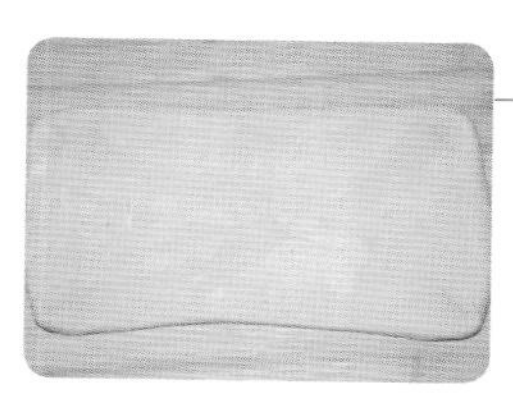

7. 将面团擀长。

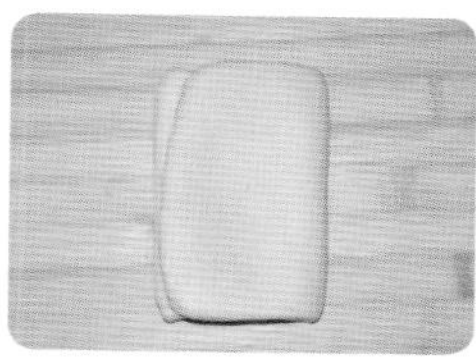

8. 然后折 3 折。

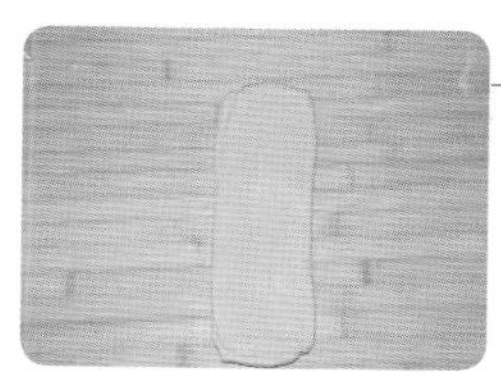

9. 再将面团擀长。

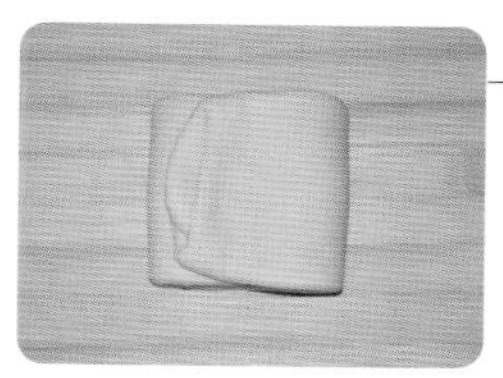

10. 再折 3 折后，包好放入冰箱冷藏松弛约 20 分钟。

11. 酥皮在冰箱松弛的时间，我们把预留的大面团擀成大方片，铺在模具中（模具长 26 厘米，宽 23 厘米）。

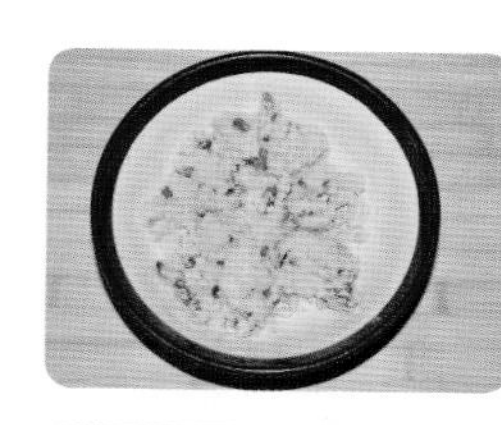

12. 50 克无盐黄油软化，加 35 克糖粉搅匀，分次加入 40 克全蛋液搅匀后，加入 70 克椰蓉、50 克葡萄干，抓匀成团。

13. 把椰蓉馅铺在面片上。

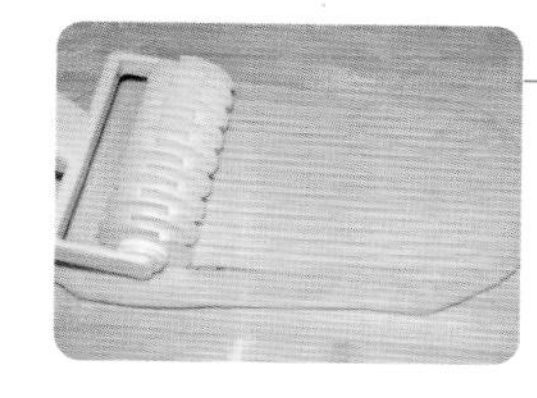

14. 把冷藏松弛好的酥皮面团擀成与模具长度一样的面片，用拉网刀切出花纹。

15. 把酥皮拉开，盖在椰蓉上，并把酥皮边角塞入面团下方，盖好，发酵至明显变胖约 1 倍。

16. 在酥皮上刷全蛋液，送入预热好的烤箱，中下层，上下火 190 摄氏度烘烤 25 分钟，上色后及时加盖锡纸。

柔软得不像话，好吃得不想说话……

FENGMIDANNAIYOUYERONGPAIBAO

蜂蜜淡奶油椰蓉排包

◎ 原料 YUANLIAO

淡奶油 100 克
蜂蜜 50 克
水 150 克
糖 20 克
耐高糖酵母 4 克
高筋面粉 300 克
低筋面粉 60 克
盐 4 克
椰蓉约 20 克
全蛋液约 10 克

二狗妈妈碎碎念

1. 模具选您家里有的，如果没有合适的，那就直接把扭好的面包条码放在不粘烤盘上。
2. 刷好全蛋液后，也可以撒您喜欢的坚果碎。
3. 扭好的面包条放在烤盘上时，两端紧压一下烤盘，这样烤时不容易走形。

◎ 做法 ZUOFA

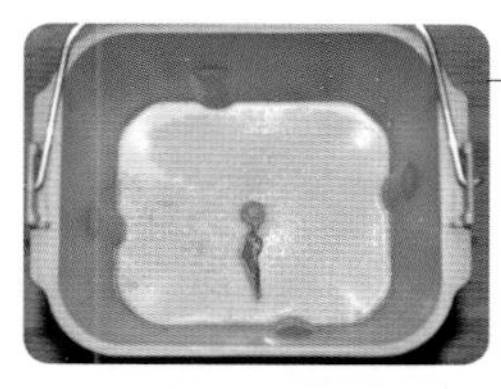

1. 100 克淡奶油、50 克蜂蜜、150 克水倒入面包机内桶，加入 20 克糖、4 克耐高糖酵母。

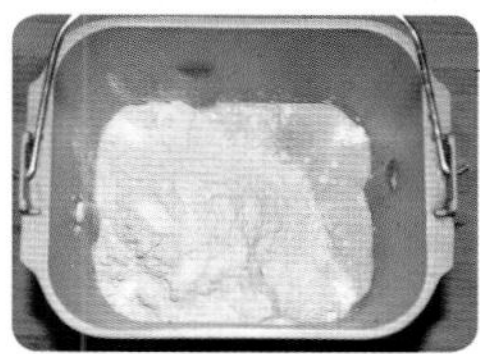

2. 加入 300 克高筋面粉、60 克低筋面粉、4 克盐。

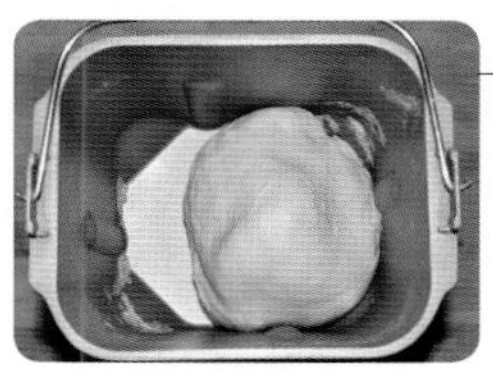

3. 放入面包机，启动和面程序，和面 30 分钟就好了。

4. 盖好，放温暖的地方发酵 60～90 分钟，发酵好的面团用手指插洞，洞口不回缩、不塌陷。

5. 案板上撒面粉，把面团放案板上擀成长方形（约 38 厘米 ×20 厘米）。

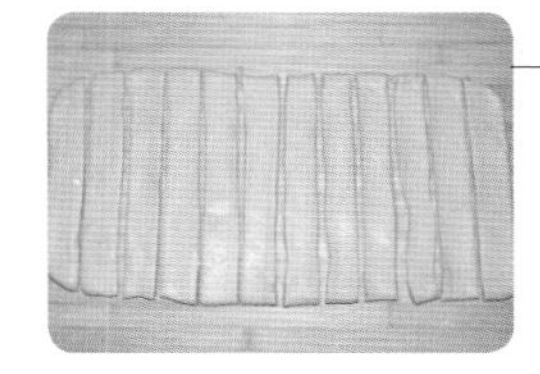

6. 平均分成 12 条宽约 2.5 厘米的面片。

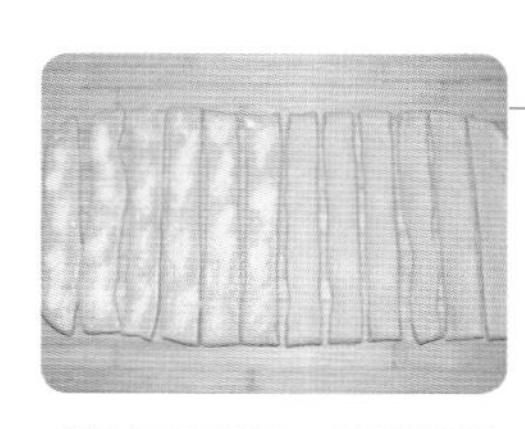

7. 在左边的 6 条面片上刷全蛋液，撒上椰蓉。

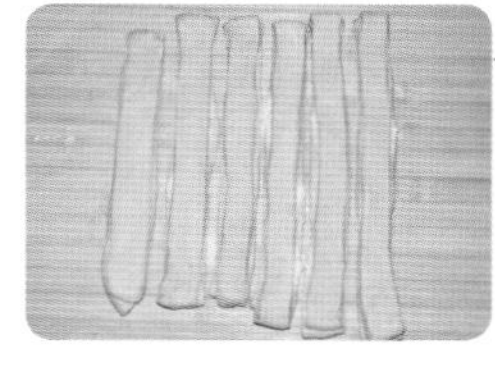

8. 把右边的 6 条面片依次压在左边的面片上。

9. 面团顺一个方向旋转后，码放在不粘烤盘上。

10. 盖好，发酵至明显变胖约 1 倍。

11. 送入预热好的烤箱，中下层，上下火 180 摄氏度烘烤 25 分钟，上色后及时加盖锡纸。

卡通小面包

卡通小面包是孩子们最爱的一种面包，也是我最爱做的一种面包！

各种卡通造型，光是看，就喜欢得不得了……我的好朋友宁宁，有一对双胞胎女儿，每次看到我做的卡通小面包都会尖叫，爱不释手呢……

本章节收录了16款卡通小面包，小猪、小狗、小兔子等，每一款都很有趣，相信您的孩子也一定会喜欢……

XIAOGOUMIANBAO

小狗面包

吐着小舌头，我在等主人回家……

◎ 原料 YUANLIAO

牛奶 140 克
糖 30 克
耐高糖酵母 2 克
高筋面粉 180 克
低筋面粉 20 克
盐 2 克
无盐黄油 20 克

配料：
香肠 1 根
黑巧克力少许

二狗妈妈碎碎念

1. 香肠斜着切会比较长一些哟。
2. 如果您喜欢吃甜食，可以加大糖的用量。
3. 也可以用蜜豆做眼睛，入炉前按压在面团合适的位置即可。

◎ 做法 ZUOFA

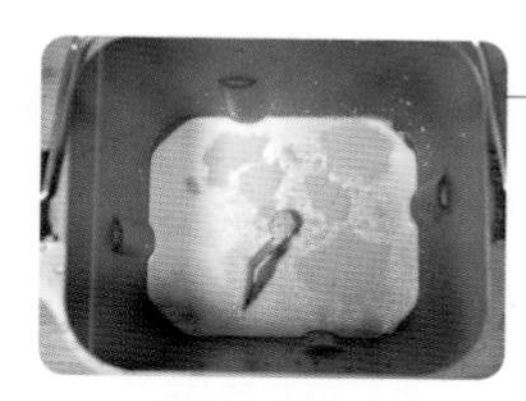

1. 140 克牛奶、30 克糖、2 克耐高糖酵母放入面包机内桶。

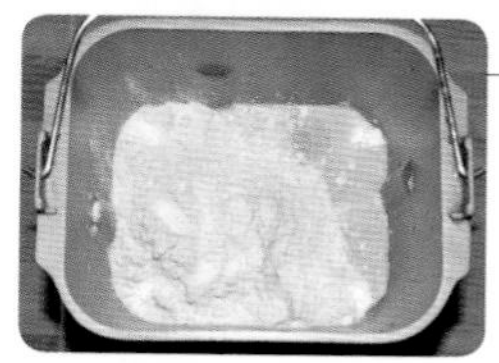

2. 再加入 180 克高筋面粉、20 克低筋面粉、2 克盐。

3. 放入面包机，启动和面程序，和面 15 分钟后加入 20 克无盐黄油，再和 15 分钟就好了。

4. 盖好，放温暖的地方发酵 60～90 分钟，发酵好的面团用手指插洞，洞口不回缩、不塌陷。

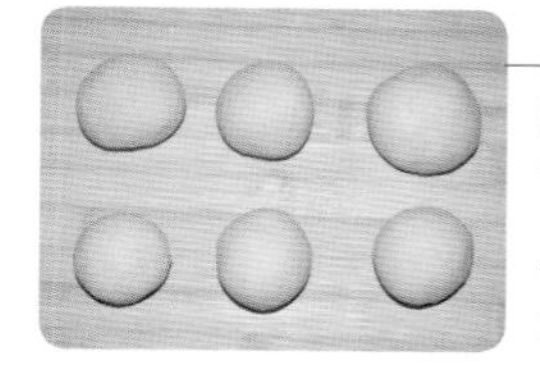

5. 案板上撒面粉，把面团放案板上平均分成 6 份，揉圆盖好静置 15 分钟。

6. 香肠切 6 片备用。

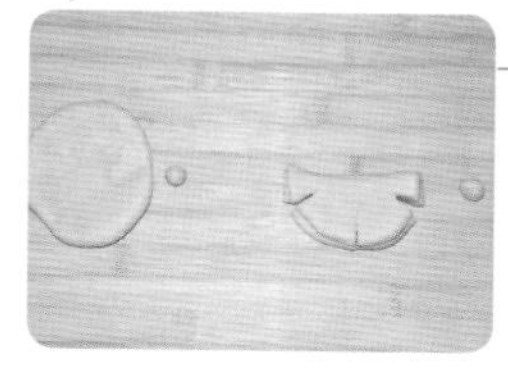

7. 取一个面团揪一小块揉圆，大面团擀开，对折后，如图切 3 刀。

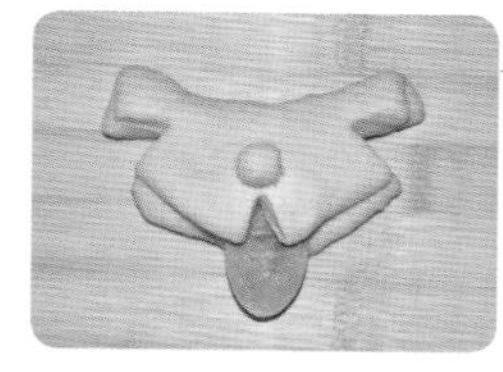

8. 把小面团放在大面团中间，把香肠片塞进面片做舌头。

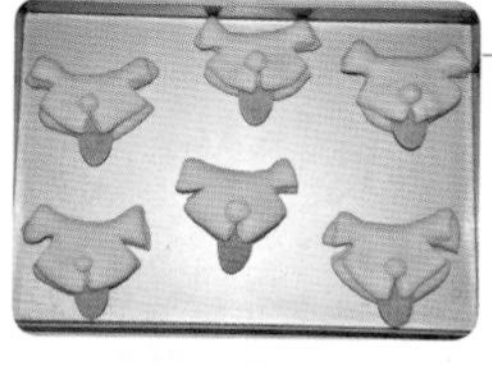

9. 依次做好所有小狗，码放在不粘烤盘上。

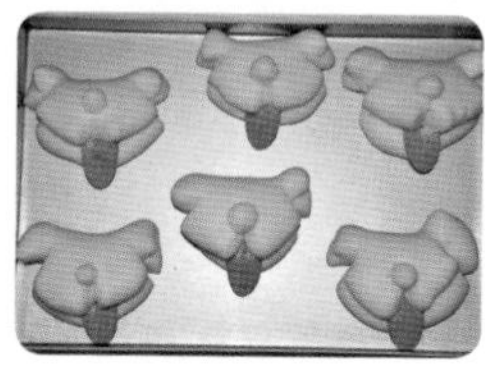

10. 盖好，发酵至明显变胖约 1 倍。

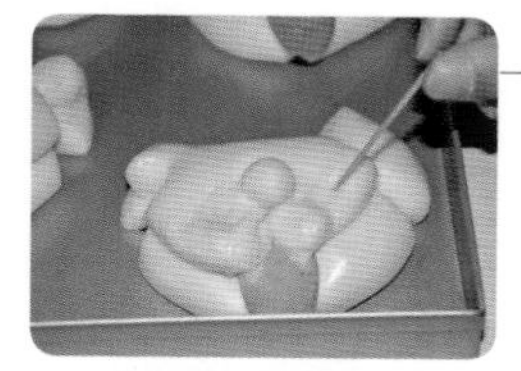

11. 用牙签在鼻子两侧扎些小洞。

12. 送入预热好的烤箱，中下层，上下火 180 摄氏度烘烤 20～25 分钟，稍微上色后就加盖锡纸，出炉凉透后用熔化的黑巧克力画上眼睛。

XIAOJIAOYAMIANBAO

小脚丫面包

看，前面有个山洞，我们一起探秘吧……

◎ 原料 YUANLIAO

牛奶 120 克
鸡蛋 1 个
糖 30 克
耐高糖酵母 3 克
高筋面粉 200 克
低筋面粉 60 克
盐 3 克
无盐黄油 30 克
全蛋液适量

二狗妈妈碎碎念

1. 脚趾面团与脚掌面团之间要稍微有点距离，发酵后就会粘在一起啦。
2. 喜欢脚丫大一点儿的，可以把面团分成 6 份，做成 6 个大脚丫，烘烤时间增加 5 分钟。

◎ 做法 ZUOFA

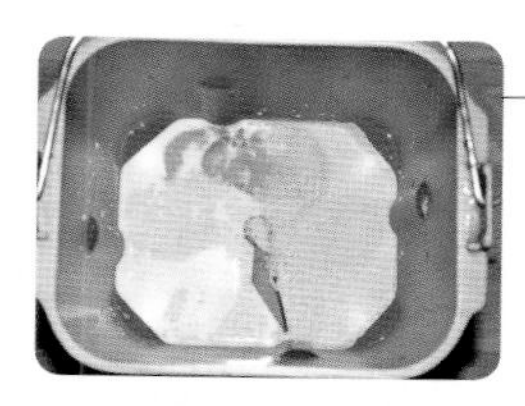

1. 将 120 克牛奶、1 个鸡蛋、30 克糖、3 克耐高糖酵母放入面包机内桶。

2. 加入 200 克高筋面粉、60 克低筋面粉、3 克盐。

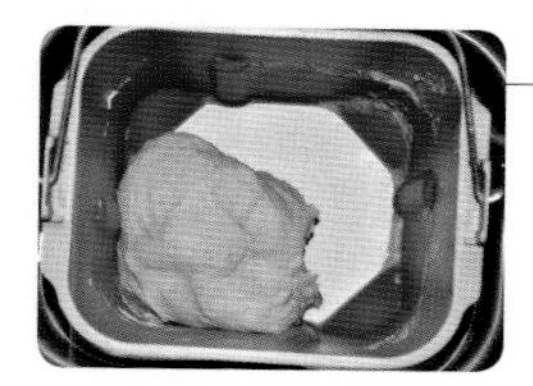

3. 放入面包机，启动和面程序，和面 15 分钟后，加入 30 克无盐黄油，再和 15 分钟就好了。

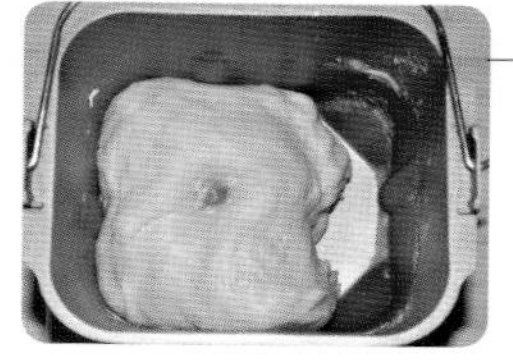

4. 盖好，放温暖的地方发酵 60～90 分钟，发酵好的面团用手指插洞，洞口不回缩、不塌陷。

5. 案板上撒面粉，把面团放案板上按扁，平均分成 8 份。

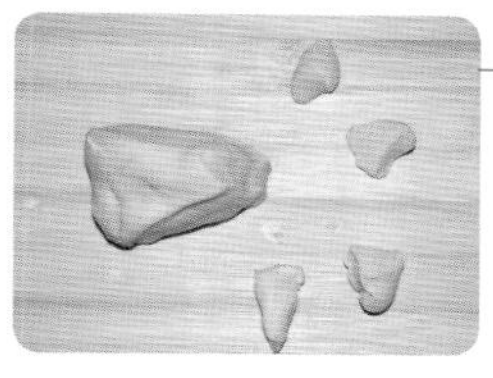

6. 取一块面团，切下来 4 块，每块约 4 克。

7. 分别揉圆。

8. 摆放在不粘烤盘上。

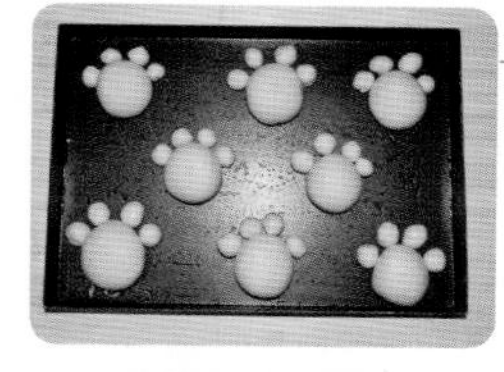

9. 依次做好所有小脚丫。

10. 盖好，发酵至明显变胖约 1 倍，刷全蛋液。

11. 送入预热好的烤箱，中下层，上下火 180 摄氏度烘烤 20～25 分钟，稍微上色后就加盖锡纸。

QINGSONGXIONGMIANBAO

轻松熊面包

看，我们的小鼻子上像不像长了两撇小胡子？

◎ 原料

主面团：
牛奶 140 克
糖 30 克
耐高糖酵母 2 克
高筋面粉 180 克
低筋面粉 20 克
盐 2 克
无盐黄油 20 克

中筋面粉面团：
水 40 克
玉米油 5 克
无铝泡打粉 1 克
中筋面粉 70 克

配料：
红豆馅 250 克
黑巧克力少许
全蛋液适量

◎ 做法 ZUOFA

1. 将 140 克牛奶、30 克糖、2 克耐高糖酵母放入面包机内桶，再加入 180 克高筋面粉、20 克低筋面粉、2 克盐。

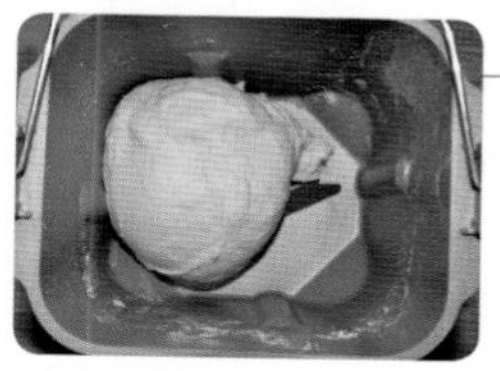

2. 放入面包机，启动和面程序，和面 15 分钟后，加入 20 克无盐黄油，再和 15 分钟就好了。

3. 盖好，放温暖的地方发酵 60～90 分钟，发酵好的面团用手指插洞，洞口不回缩、不塌陷。

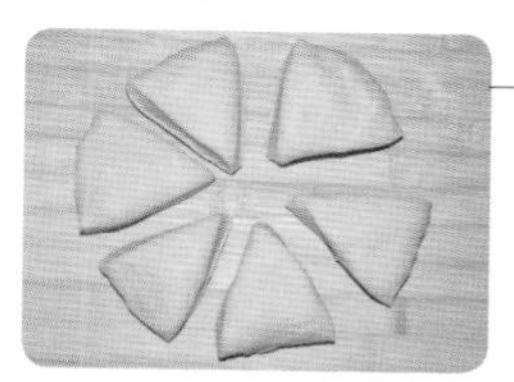

4. 案板上撒面粉，把面团放案板上平均分成 6 份。

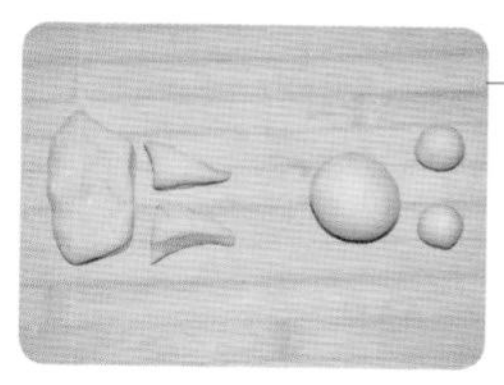

5. 取一块面团，切下来 2 小块，分别搓圆。

6. 大面团擀开包入红豆馅，捏紧收口，小面团用水粘在大面团上方做耳朵。

7. 依次全部做好码放在不粘烤盘上。

8. 另取一个小碗，40 克水、5 克玉米油、1 克无铝泡打粉、70 克中筋面粉揉成面团。

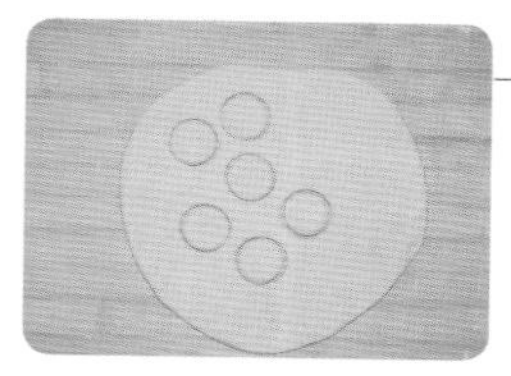

9. 擀开，用裱花嘴扣出 6 个小圆片。

10. 用水粘在小熊脸中间。

11. 盖好，发酵至明显变胖约 1 倍，除鼻子以外刷全蛋液。

12. 送入预热好的烤箱，中下层，上下火 180 摄氏度烘烤 20～25 分钟，稍微上色后就加盖锡纸，出炉凉透后用熔化的黑巧克力画上眼睛和嘴巴。

二狗妈妈碎碎念

1. 包入的馅料可根据自己的喜好选择。如果不喜欢有馅的，直接把大面团揉圆就可以了。
2. 泡打粉一定要选用无铝的哟。

XIAOTUZIMIANBAO

小兔子面包

我怀里的香肠是要留给嫦娥姐姐的，你们谁也不能抢……

◎ 原料 YUANLIAO

牛奶 140 克
糖 30 克
耐高糖酵母 2 克
高筋面粉 180 克
低筋面粉 20 克
盐 2 克
无盐黄油 20 克

配料：
小香肠 6 根
黑巧克力少许
全蛋液适量

二狗妈妈碎碎念

1. 小香肠的长度 7 ~ 8 厘米比较合适，如果香肠比较长，那就切短一些再用哟。
2. 面团搓长的时候如果觉得不好搓，可以盖好静置 5 分钟后再搓长。

◎ 做法 ZUOFA

1. 140 克牛奶、30 克糖、2 克耐高糖酵母放入面包机内桶，再加入 180 克高筋面粉、20 克低筋面粉、2 克盐。

2. 放入面包机，启动和面程序，和面 15 分钟后，加入 20 克无盐黄油，再和 15 分钟就好了。

3. 盖好，放温暖的地方发酵 60 ~ 90 分钟，发酵好的面团用手指插洞，洞口不回缩、不塌陷。

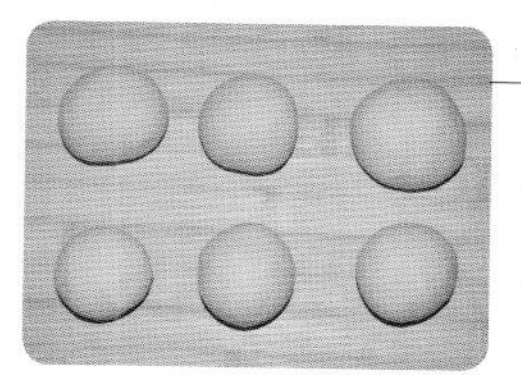

4. 案板上撒面粉，把面团放案板上平均分成 6 份，揉圆静置 15 分钟。

5. 准备好 6 根小香肠。

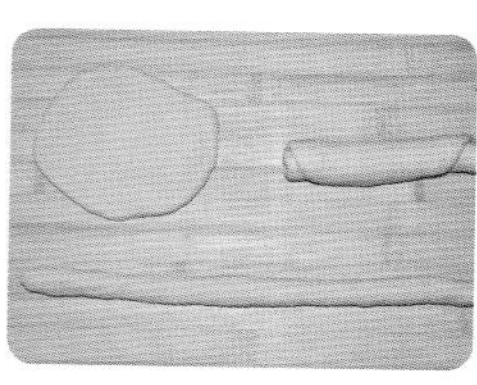

6. 取一块面团擀开，卷起来捏紧收口，搓长。

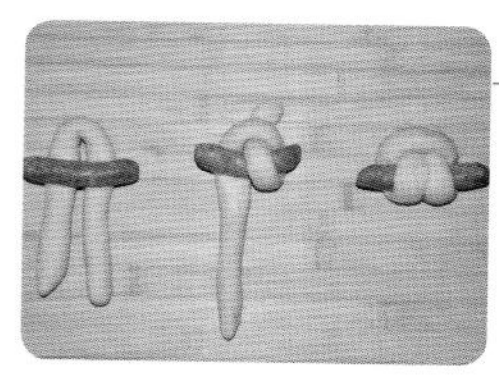

7. 把面条对折，放上小香肠，面条两端分别包住香肠并穿过上方面条。

8. 将面团全部整理好，码放在不粘烤盘上。

9. 盖好，发酵至明显变胖约 1 倍。

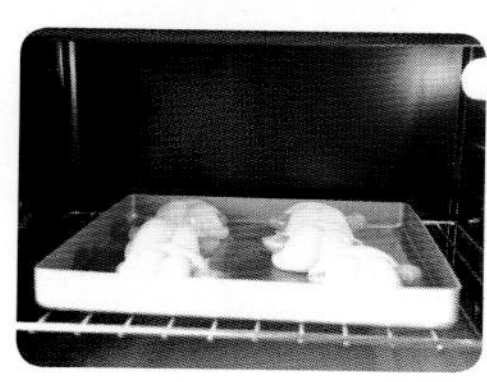

10. 刷全蛋液后送入预热好的烤箱，中下层，上下火 180 摄氏度烘烤 20 ~ 25 分钟，稍微上色后就加盖锡纸，出炉凉透后用熔化的黑巧克力画上眼睛和嘴巴。

MAOMAOCHONGMIANBAO

毛毛虫面包

嘿，你为啥没有眼睛？

说我吗？好像你有眼睛一样……

◎ 原料 YUANLIAO

主面团：
牛奶 140 克
糖 30 克
耐高糖酵母 2 克
高筋面粉 180 克
低筋面粉 20 克
盐 2 克
无盐黄油 20 克

泡芙面糊：
无盐黄油 25 克
水 50 克
低筋面粉 30 克
鸡蛋 1 个

二狗妈妈碎碎念

1. 如果喜欢吃有馅的，那就在擀开面团后，铺好馅料再卷起来哟。
2. 另一种做法可以出炉凉透后，把面团中间剖开不切断，挤入打发好的淡奶油。

◎ 做法 ZUOFA

1. 将 25 克无盐黄油、50 克水放入小锅中。

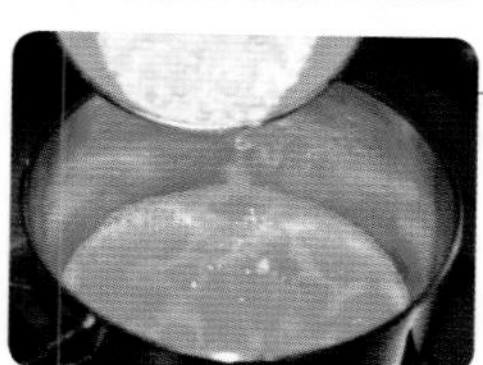

2. 煮开后加入 30 克低筋面粉，迅速搅匀，小火煮至锅底有一层薄膜，关火。

3. 凉 15 分钟后加入 1 个鸡蛋。

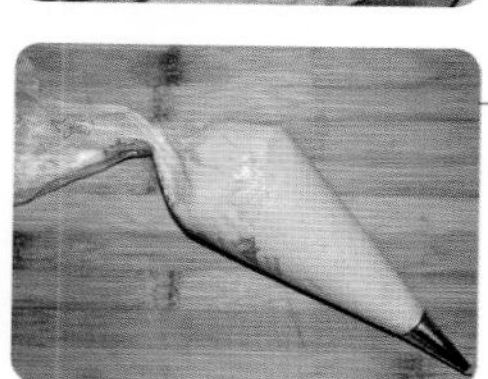

4. 迅速搅匀后装入裱花袋备用。

5. 140 克牛奶、30 克糖、2 克耐高糖酵母放入面包机内桶，再加入 180 克高筋面粉、20 克低筋面粉、2 克盐。

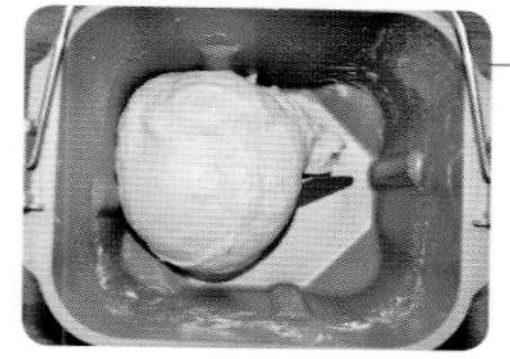

6. 放入面包机，启动和面程序，和面 15 分钟后，加入 20 克无盐黄油，再和 15 分钟就好了。

7. 盖好，放温暖的地方发酵 60～90 分钟，发酵好的面团用手指插洞，洞口不回缩、不塌陷。

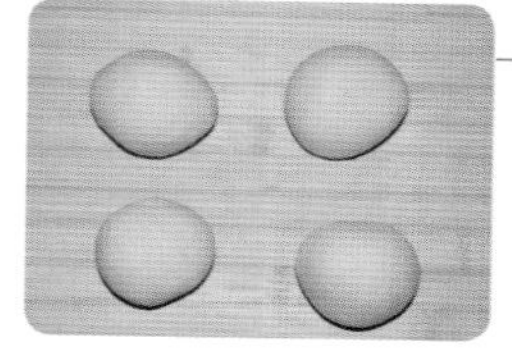

8. 案板上撒面粉，把面团放案板上平均分成 4 份，揉圆静置 15 分钟。

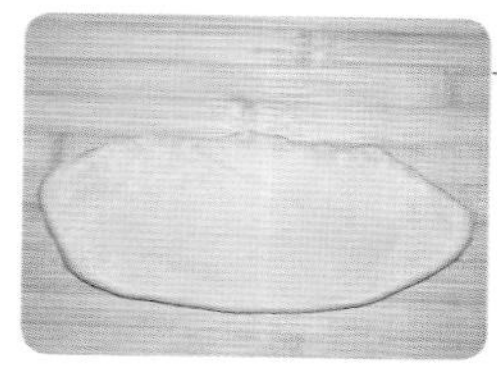

9. 取一块面团擀开。

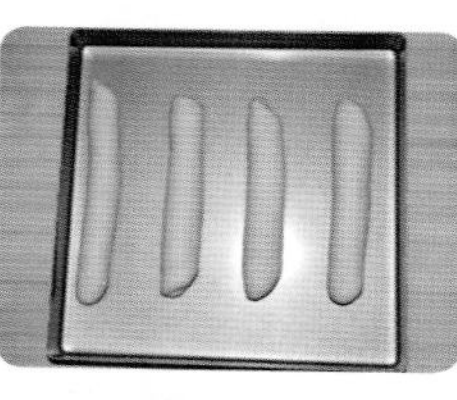

10. 卷起来捏紧收口，码放在不粘烤盘上。

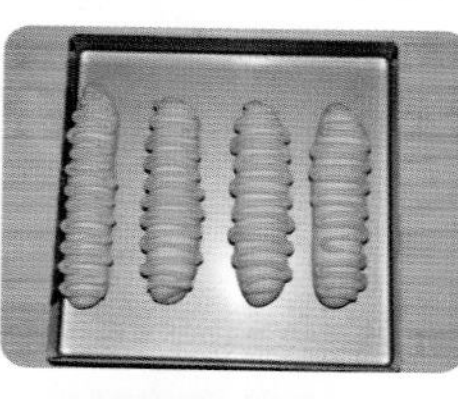

11. 盖好，发酵至明显变胖约 1 倍，把泡芙面糊挤在面包上。

12. 送入预热好的烤箱，中下层，上下火 180 摄氏度烘烤 20～25 分钟，稍微上色后就加盖锡纸。

XIAONIUMIANBAO

小牛面包

◎ 原料 YUANLIAO

主面团：
牛奶 140 克
糖 30 克
耐高糖酵母 2 克
高筋面粉 180 克
低筋面粉 20 克
盐 2 克
无盐黄油 20 克

中筋面粉面团：
水 40 克
玉米油 5 克
无铝泡打粉 1 克
中筋面粉 70 克
红曲粉少许

配料：
紫薯馅约 250 克
黑巧克力少许

牛甲：你瞅啥?
牛乙：瞅你咋地!

◎ 做法 ZUOFA

1. 140克牛奶、30克糖、2克耐高糖酵母放入面包机内桶，再加入180克高筋面粉、20克低筋面粉、2克盐。

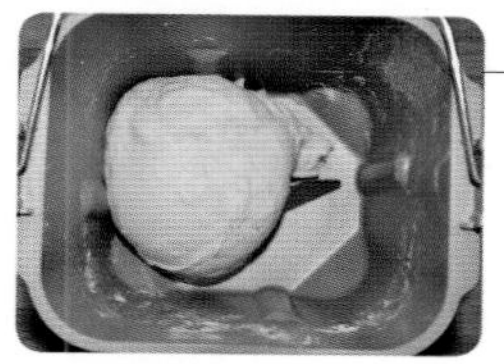

2. 放入面包机，启动和面程序，和面15分钟后，加入20克无盐黄油，再和15分钟就好了。

3. 盖好，放温暖的地方发酵60~90分钟，发酵好的面团用手指插洞，洞口不回缩、不塌陷。

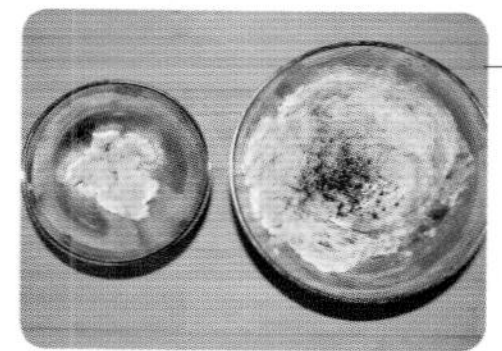

4. 另取一个大碗，将40克水、5克玉米油、1克泡打粉、70克中筋面粉搅成絮状，分出来15克左右，大碗中加入少许红曲粉。

5. 分别揉成面团。

6. 案板上撒面粉，把面团放案板上平均分成6份。

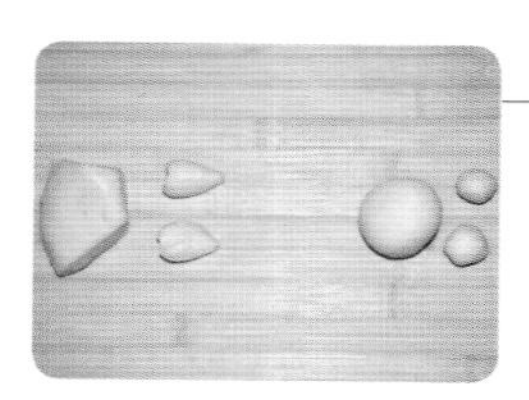

7. 取一块面团，切下来2小块，分别揉圆。

8. 大面团擀开，包入紫薯馅，捏紧收口，收口朝下整理成椭圆形。小面团擀开，揪粉色中筋面粉面团贴在小面团上，分别切一刀，把小面团贴在大面团上后方做耳朵。

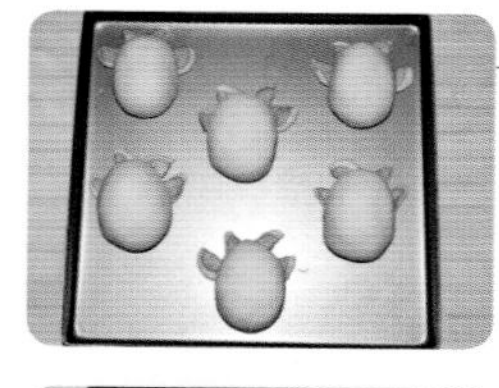

9. 依次做好6个，码放在不粘烤盘上。

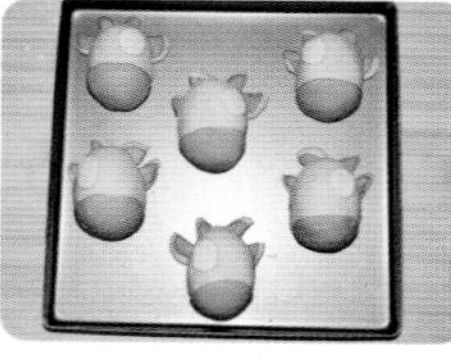

10. 取粉色面团擀开，贴在面团下方做鼻子，取白色中筋面粉面团做眼睛。

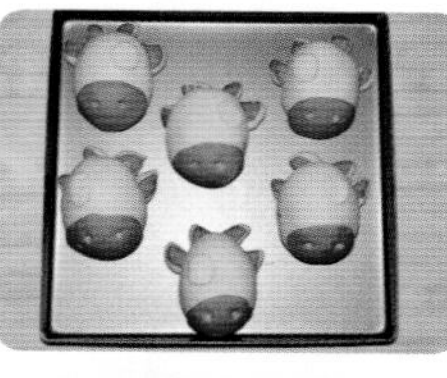

11. 盖好，发酵至明显变胖约1倍，用筷子蘸水后插出鼻孔。

12. 送入预热好的烤箱，中下层，上下火180摄氏度烘烤20~25分钟，稍微上色后就加盖锡纸，出炉凉透后用熔化的黑巧克力画上表情。

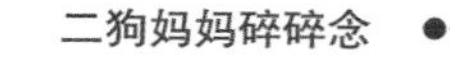

二狗妈妈碎碎念

用筷子插鼻孔时候一定要蘸水后再操作。

JIQIMAOMIANBAO

机器猫面包

我是小胖子，我可以变好多好东西呢！不信？我给你变一个……

◎ 原料 YUANLIAO

主面团：
牛奶 140 克
糖 30 克
耐高糖酵母 2 克
高筋面粉 180 克
低筋面粉 20 克
盐 2 克
无盐黄油 20 克

中筋面粉面团：
水 40 克
玉米油 5 克
无铝泡打粉 1 克
中筋面粉 70 克

配料：
红豆馅约 250 克
黑、白巧克力少许

二狗妈妈碎碎念

泡打粉一定选用无铝的哟。

◎ 做法 ZUOFA

1. 140 克牛奶、30 克糖、2 克耐高糖酵母放入面包机内桶，再加入 180 克高筋面粉、20 克低筋面粉、2 克盐。

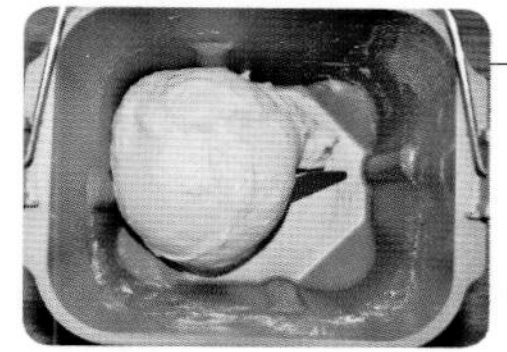

2. 放入面包机，启动和面程序，和面 15 分钟后，加入 20 克无盐黄油，再和 15 分钟就好了。

3. 盖好，放温暖的地方发酵 60～90 分钟，发酵好的面团用手指插洞，洞口不回缩、不塌陷。

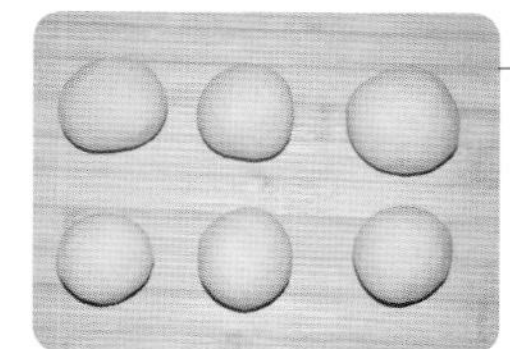

4. 案板上撒面粉，把面团放案板上平均分成 6 份，揉圆，静置 15 分钟。

5. 把大面团擀开，包入红豆馅，捏紧收口。

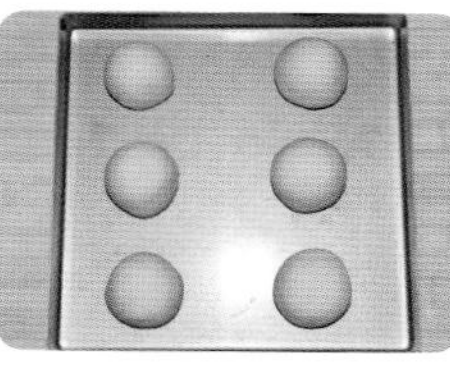

6. 依次做好码放在不粘烤盘上。

7. 另取一个小碗，将 40 克水、5 克玉米油、1 克无铝泡打粉、70 克中筋面粉揉成面团。

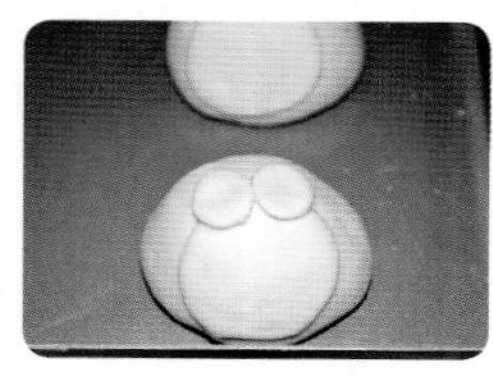

8. 揪合适的中筋面粉面团揉圆擀开做脸，再揪小面团揉圆、按扁，做眼睛。

9. 依次贴好所有脸和眼睛。

10. 盖好，发酵至明显变胖约 1 倍。

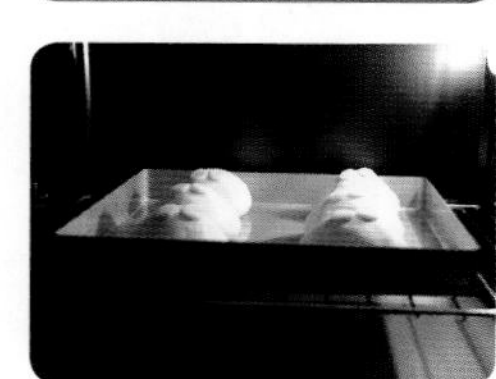

11. 送入预热好的烤箱，中下层，上下火 180 摄氏度烘烤 20～25 分钟，稍微上色后就加盖锡纸，出炉凉透后用熔化的黑、白巧克力画上眼睛和嘴巴。

我们就是呆萌的熊本熊，
我们可受欢迎啦……

XIONGBENXIONGMIANBAO

熊本熊面包

◎ 原料

主面团：
牛奶 140 克
糖 30 克
耐高糖酵母 2 克
高筋面粉 180 克
低筋面粉 15 克
纯黑可可粉 5 克
盐 2 克
无盐黄油 20 克

中筋面粉面团：
水 40 克
玉米油 5 克
无铝泡打粉 1 克
中筋面粉 70 克
红曲粉少许

配料：
红豆馅 250 克
黑、白巧克力少许

◎ 做法 ZUOFA

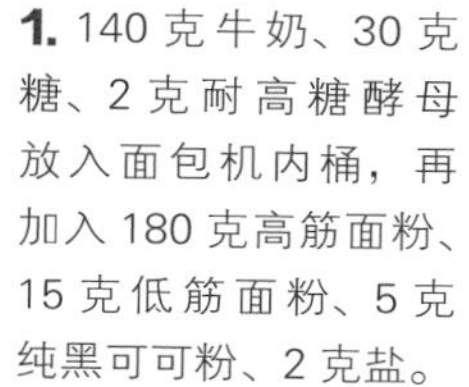

1. 140 克牛奶、30 克糖、2 克耐高糖酵母放入面包机内桶，再加入 180 克高筋面粉、15 克低筋面粉、5 克纯黑可可粉、2 克盐。

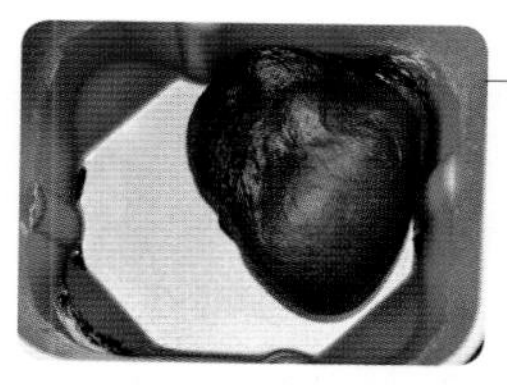

2. 放入面包机，启动和面程序，和面 15 分钟后，加入 20 克无盐黄油，再和 15 分钟就好了。

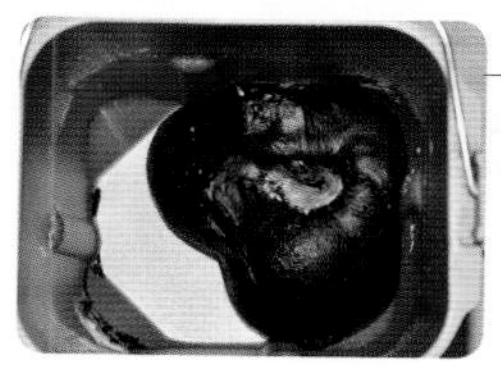

3. 盖好，放温暖的地方发酵 60～90 分钟，发酵好的面团用手指插洞，洞口不回缩、不塌陷。

4. 另取一个大碗，40 克水、5 克玉米油、1 克无铝泡打粉、70 克中筋面粉搅成絮状，分出来 15 克左右，加少许红曲粉。

5. 分别揉成面团。

6. 案板上撒面粉，把面团放案板上平均分成 6 份。

7. 取一块面团，切下来两小块，大面团揉圆，小面团搓成水滴状。

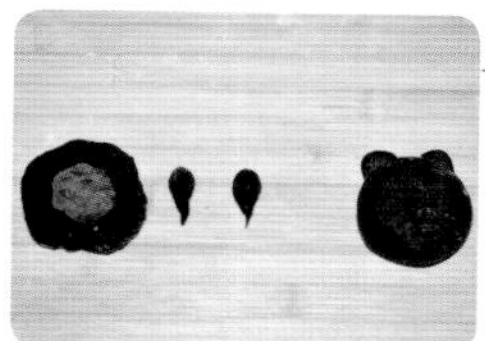

8. 大面团擀开，包入红豆馅，捏紧收口，收口朝下稍压扁，小面团用水粘在大面团上方做耳朵。

9. 白色中筋面粉面团擀开，用瓶盖和吸管扣出 6 个大圆片和 12 个小圆片。

10. 在面片中间划一刀，贴在熊脸中间，再揪点白色中筋面粉面团放在耳朵上，最后揪红色中筋面粉面团做脸蛋。

11. 盖好，发酵至明显变胖约 1 倍。

12. 送入预热好的烤箱，中下层，上下火 180 摄氏度烘烤 20～25 分钟，稍微上色后就加盖锡纸，出炉凉透后用熔化的黑、白巧克力画上眉毛、眼睛和鼻子。

二狗妈妈碎碎念

1. 如果没有合适的工具扣眼睛和鼻子面团，直接揪小面团揉圆按扁稍擀就行。
2. 泡打粉一定选用无铝的哟。

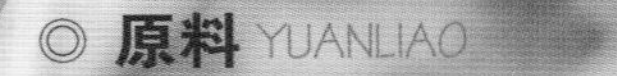

◎ 原料 YUANLIAO

主面团：
牛奶 140 克
糖 30 克
耐高糖酵母 2 克
高筋面粉 180 克
低筋面粉 20 克
盐 2 克
无盐黄油 20 克

中筋面粉面团：
水 40 克
玉米油 5 克
无铝泡打粉 1 克
中筋面粉 70 克

配料：
红豆馅 250 克
黑巧克力少许
大杏仁 12 个

LONGMAOMIANBAO

龙猫面包

我们是龙猫，我们有着神奇的力量，走，
我们带你去看超乎你想象的景观吧……

◎ 做法 ZUOFA

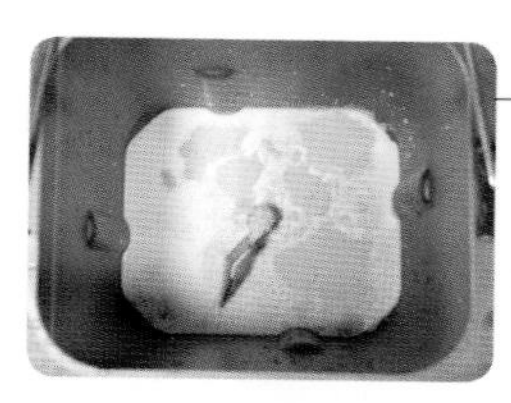

1. 140 克牛奶、30 克糖、2 克耐高糖酵母放入面包机内桶。

2. 再加入 180 克高筋面粉、20 克低筋面粉、2 克盐。

3. 放入面包机，启动和面程序，和面 15 分钟后，加入 20 克无盐黄油，再和 15 分钟就好了。

4. 盖好，放温暖的地方发酵 60 ~ 90 分钟，发酵好的面团用手指插洞，洞口不回缩、不塌陷。

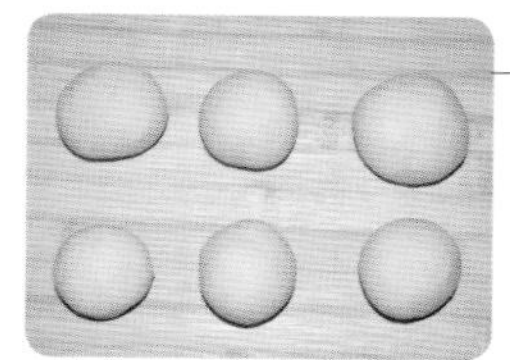

5. 案板上撒面粉，把面团放案板上平均分成 6 份，揉圆静置 15 分钟。

6. 案板上撒面粉，把面团放案板上平均分成 6 份，揉圆静置 15 分钟。

7. 另取一个小碗，40 克水、5 克玉米油、1 克无铝泡打粉、70 克中筋面粉揉成面团。

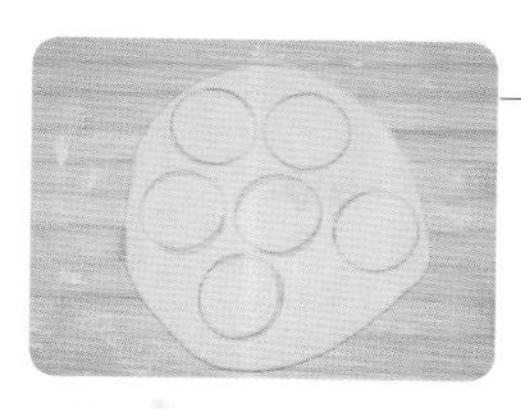

8. 擀开，用瓶盖扣出 6 个大圆片。

9. 用水黏合在面团下方做肚皮，整理面团成椭圆形。再揪中筋面粉面团，搓圆按扁贴在面团上方做眼睛。

10. 盖好，发酵至明显变胖约 1 倍 (室温约 60 分钟)。

11. 在头部剪小口，插入大杏仁做耳朵。

12. 送入预热好的烤箱，中下层，上下火 180 摄氏度烘烤 20 ~ 25 分钟，稍微上色后就加盖锡纸，出炉凉透后用熔化的黑巧克力画上眼睛、胡子和肚皮花纹。

二狗妈妈碎碎念

1. 用剪刀剪面团的时候一定要蘸水后再操作哟。
2. 把头顶这边贴在烤盘边上，以免大杏仁随着面团的膨胀脱落。

XIAOHUAMAOMIANBAO

小花猫面包

懒懒地蜷缩在太阳下，静静地守候着，主人一会儿就回来啦……

◎ 原料 YUANLIAO

牛奶 140 克
糖 30 克
耐高糖酵母 2 克
高筋面粉 180 克
低筋面粉 20 克
盐 2 克
无盐黄油 20 克

配料：
紫薯馅约 150 克
黑巧克力少许
大杏仁 8 个

二狗妈妈碎碎念

1. 小猫身子卷好后，可以盖好静置 5 分钟再做那个倒“U”形。
2. 小猫头放在猫身上的时候，最好蘸一点水，以防滑落。

◎ 做法 ZUOFA

1. 140 克牛奶、30 克糖、2 克耐高糖酵母放入面包机内桶，再加入 180 克高筋面粉、20 克低筋面粉、2 克盐。

2. 放入面包机，启动和面程序，和面 15 分钟后，加入 20 克无盐黄油，再和 15 分钟就好了。

3. 盖好，放温暖的地方发酵 60～90 分钟，发酵好的面团用手指插洞，洞口不回缩、不塌陷。

4. 案板上撒面粉，把面团放案板上平均分成 4 份。

5. 取一块面团，切下来 2 小块，其中一块约 10 克，另一块约 4 克，大面团、中面团分别揉圆，小面团搓长。

6. 大面团擀开，抹上紫薯馅，卷起来，捏紧收口。

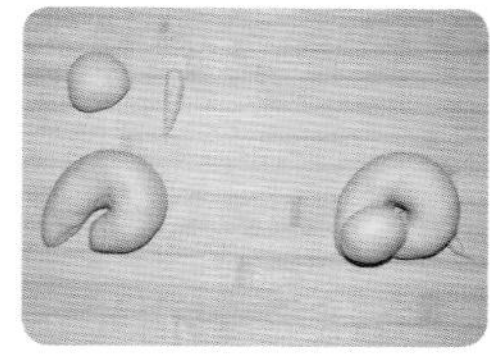

7. 把大面团搓长，弯成倒“U”形，把中面团放在大面团接口处，小面团压在右后方。

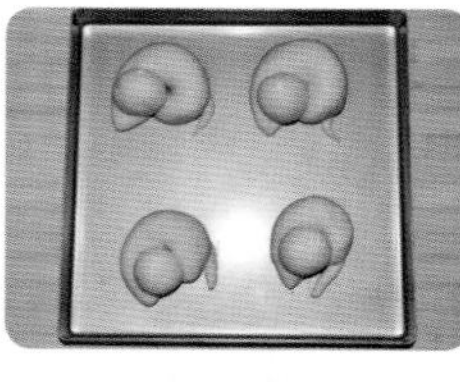

8. 依次做好 4 个，码放在不粘烤盘上。

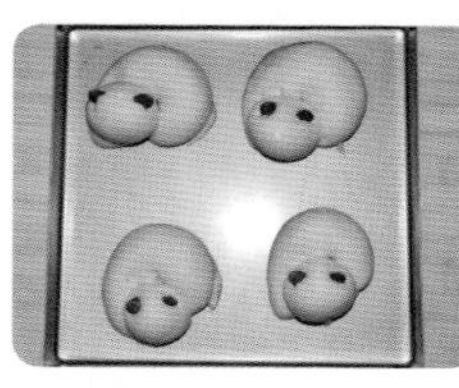

9. 盖好，发酵至明显变胖约 1 倍，在中面团顶部剪口，插入大杏仁做耳朵。

10. 送入预热好的烤箱，中下层，上下火 180 摄氏度烘烤 20～25 分钟，稍微上色后就加盖锡纸，出炉凉透后用熔化的黑巧克力画上表情和身上的花纹。

XIAOWUGUIMIANBAO
小乌龟面包
兄弟们，我们去和小兔子赛跑吧！

◎ 原料 YUANLIAO

主面团：
牛奶 140 克
糖 30 克
耐高糖酵母 2 克
高筋面粉 180 克
低筋面粉 20 克
盐 2 克
无盐黄油 20 克

乌龟壳面团：
无盐黄油 40 克
糖粉 40 克
全蛋液 20 克
低筋面粉 95 克
抹茶粉 5 克

配料：
红豆馅约 200 克
黑巧克力少许

◎ 做法 ZUOFA

1. 40 克软化好的黄油加 40 克糖粉搅匀。

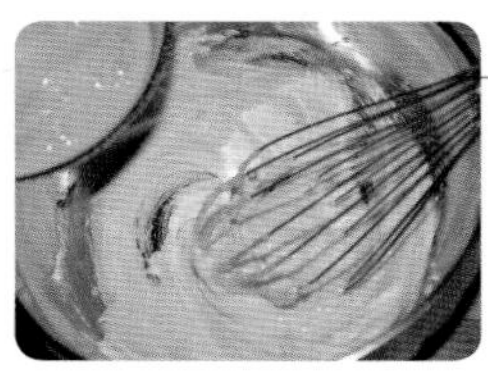

2. 分 3 次加入 20 克全蛋液，搅匀。

3. 筛入 95 克低筋面粉、5 克抹茶粉。

4. 用刮刀拌匀，冰箱冷藏备用。

5. 140 克牛奶、30 克糖、2 克耐高糖酵母放入面包机内桶，再加入 180 克高筋面粉、20 克低筋面粉、2 克盐。

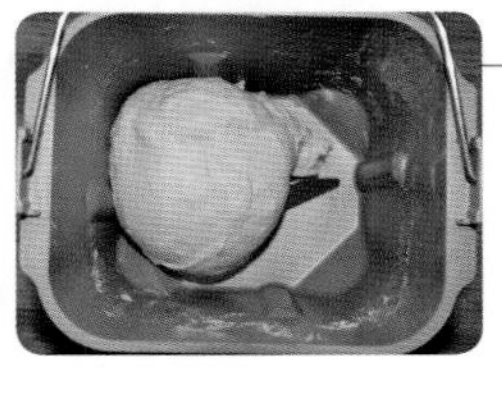

6. 放入面包机，启动和面程序，和面 15 分钟后，加入 20 克无盐黄油，再和 15 分钟就好了。

二狗妈妈碎碎念

1. 乌龟壳面团做好后要冷藏，冷藏后的面团有点儿硬，没关系，用手焐一下就可以操作了。

2. 入炉就加盖锡纸，是为了乌龟壳颜色不被烤黄哟。

7. 盖好，放温暖的地方发酵 60 ~ 90 分钟，发酵好的面团用手指插洞，洞口不回缩、不塌陷。

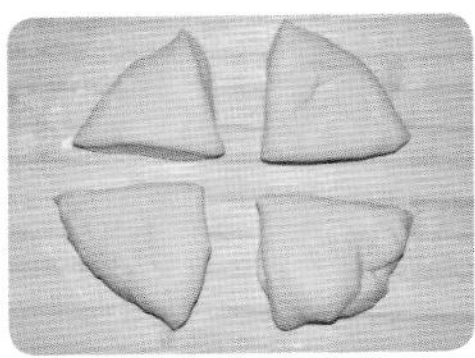

8. 案板上撒面粉，把面团放案板上平均分成 4 份。

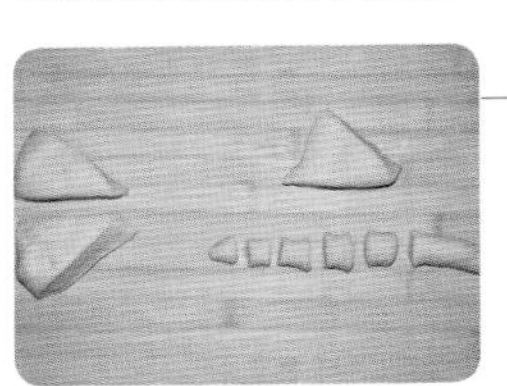

9. 取 1 块面团，一分为二，其中 1 份备用，另外 1 份切成 1 大 5 小。

10. 大面团揉圆擀开包入红豆馅，收口朝下按扁。小面团中，大一点儿的揉圆做头，其他搓长做四肢和尾巴。

11. 依次做好 4 只小乌龟，码放在不粘烤盘上。

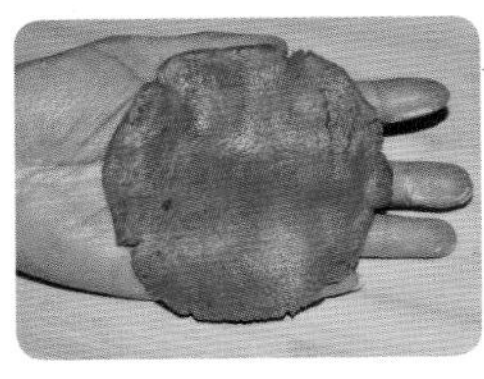

12. 把绿色面团取出，分成 4 份，每份揉圆、按扁。

13. 把绿色面片盖在小乌龟背上，用刀背印出花纹。

14. 盖好，发酵至明显变胖约 1 倍，除了乌龟壳以外都刷上全蛋液，用黑芝麻做眼睛，用牙签戳出嘴巴。

15. 送入预热好的烤箱，中下层，上下火 180 摄氏度烘烤 20 ~ 25 分钟，面包入炉就加盖锡纸。

XIAOMIANYANGMIANBAO

小绵羊面包

哎呀，你头发的卷卷好美呀，
在哪家美发店做的呀？

◎ 原料 YUANLIAO

牛奶 140 克
糖 30 克
耐高糖酵母 2 克
高筋面粉 180 克
低筋面粉 20 克
盐 2 克
无盐黄油 20 克

配料：
红豆馅 200 克
黑、白巧克力少许
全蛋液适量

二狗妈妈碎碎念

小绵羊头顶上的毛毛卷可以随意码放，只要盖住头顶就可以了。

◎ 做法 ZUOFA

1. 140 克牛奶、30 克糖、2 克耐高糖酵母放入面包机内桶，再加入 180 克高筋面粉、20 克低筋面粉、2 克盐。

2. 放入面包机，启动和面程序，和面 15 分钟后，加入 20 克无盐黄油，再和 15 分钟就好了。

3. 盖好，放温暖的地方发酵 60~90 分钟，发酵好的面团用手指插洞，洞口不回缩、不塌陷。

4. 案板上撒面粉，把面团放案板上平均分成 6 份。

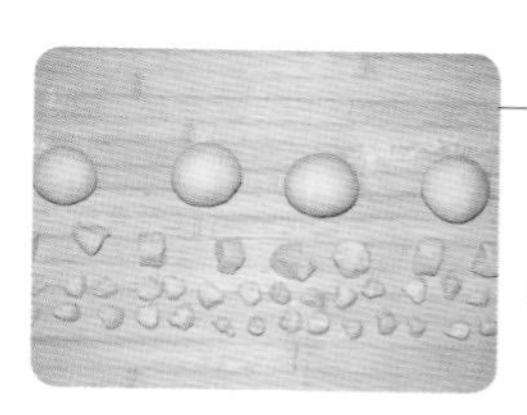

5. 取 4 块面团揉圆，取 1 块面团分成 8 份揉圆，再取 1 块面团分成 32 块。

6. 把大面团擀开，包入红豆馅，捏紧收口。

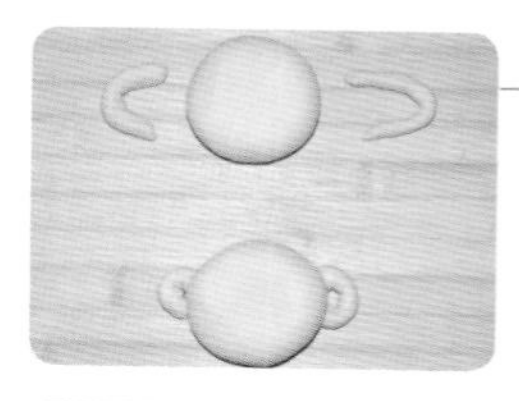

7. 把 2 个中面团搓长弯曲后贴在大面团两侧做耳朵。

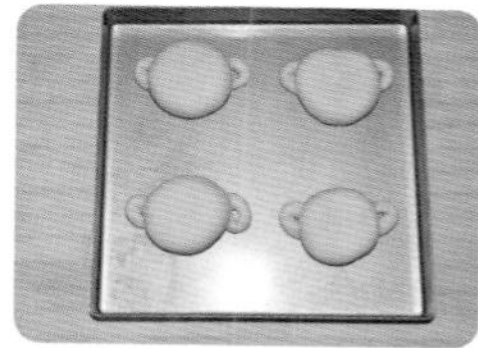

8. 依次做好，码放在不粘烤盘上。

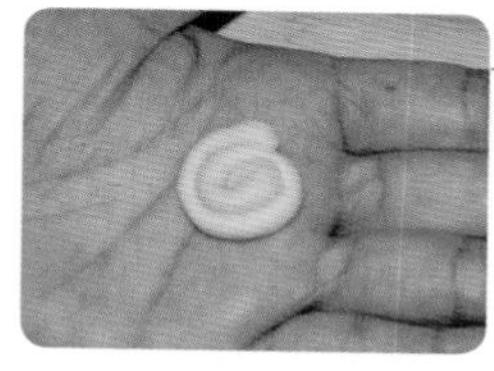

9. 把 32 个小面团都搓长卷起来。

10. 8 个一组贴在小羊脑袋上做羊毛。

11. 盖好，发酵至明显变胖约 1 倍。

12. 刷全蛋液后送入预热好的烤箱，中下层，上下火 180 摄氏度烘烤 20～25 分钟，上色后及时加盖锡纸。出炉凉透后用熔化的黑、白巧克力画出表情就可以了。

ALIMIANBAO
阿狸面包
我是阿狸，我最喜欢吃鸡肉卷了，我还相信鸡肉卷会开花哟……

◎ 原料 YUANLIAO

主面团：
牛奶 140 克
糖 30 克
耐高糖酵母 2 克
高筋面粉 180 克
低筋面粉 15 克
红曲粉 5 克
盐 2 克
无盐黄油 20 克

中筋面粉面团：
水 40 克
玉米油 5 克
无铝泡打粉 1 克
中筋面粉 70 克

配料：
红豆馅 250 克
黑、白巧克力少许

二狗妈妈碎碎念

这款面包的难点就是剪阿狸的脸，如果掌握不好，那就用个干净的硬纸壳，画出阿狸的脸剪下来再放到面片上，照着模型去剪。

◎ 做法 ZUOFA

1. 140 克牛奶、30 克糖、2 克耐高糖酵母放入面包机内桶，再加入 180 克高筋面粉、15 克低筋面粉、5 克红曲粉、2 克盐。

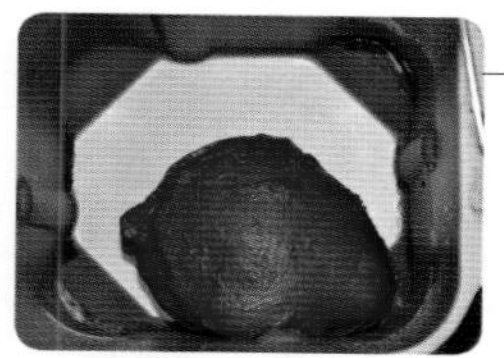

2. 放入面包机，启动和面程序，和面 15 分钟后，加入 20 克无盐黄油，再和 15 分钟就好了。

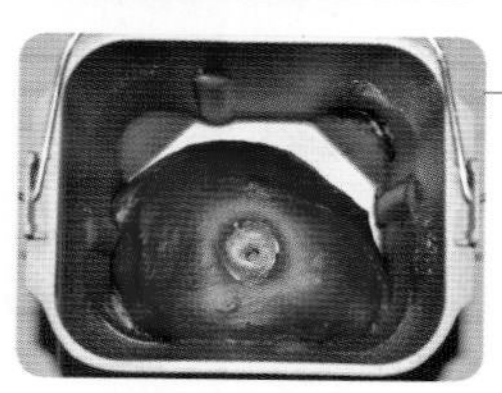

3. 盖好，放温暖的地方发酵 60～90 分钟，发酵好的面团用手指插洞，洞口不回缩、不塌陷。

4. 另取一个小碗，40 克水、5 克玉米油、1 克无铝泡打粉、70 克中筋面粉揉成面团。

5. 案板上撒面粉，把面团放案板上平均分成 6 份。

6. 取一块面团，切下来 1/3，分别揉圆，小面团擀开一分为二。

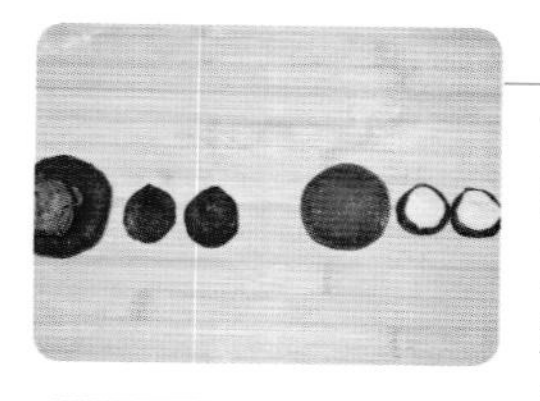

7. 大面团擀开包入红豆馅，捏紧收口，收口朝下稍按扁，揪中筋面粉面团贴在小面团上方。

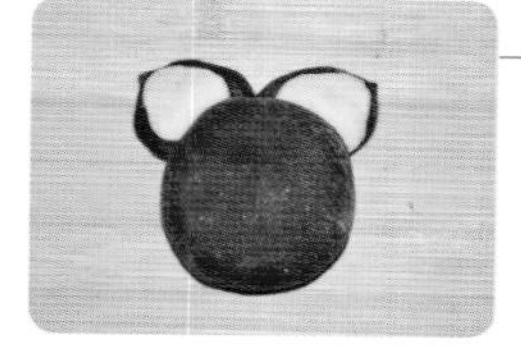

8. 把小面团贴在大面团上方做耳朵。

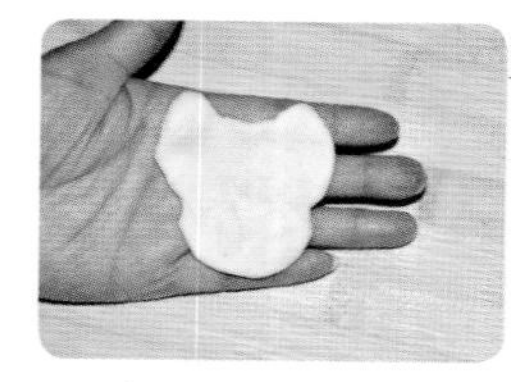

9. 把白色中筋面粉面团擀开，剪出阿狸的脸。

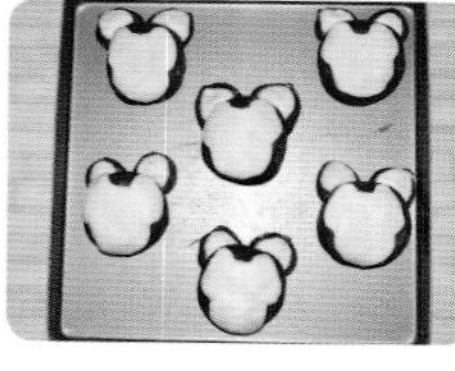

10. 贴在红色面团正中间。

11. 盖好，发酵至明显变胖约 1 倍。

12. 送入预热好的烤箱，中下层，上下火 180 摄氏度烘烤 20～25 分钟，稍微上色后就加盖锡纸，出炉凉透后用熔化的黑、白巧克力画上表情。

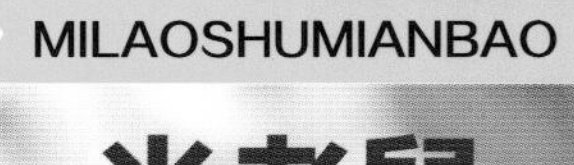

米老鼠面包

原料 YUANLIAO

主面团：
牛奶 140 克
糖 30 克
耐高糖酵母 2 克
高筋面粉 180 克
低筋面粉 15 克
纯黑可可粉 5 克
盐 2 克
无盐黄油 20 克

中筋面粉面团：
水 40 克
玉米油 5 克
无铝泡打粉 1 克
中筋面粉 70 克
红曲粉少许

配料：
红豆馅 250 克
黑、白巧克力少许

我是米奇，米妮是我的女朋友，你们快看，她今天好美哟……

◎ 做法 ZUOFA

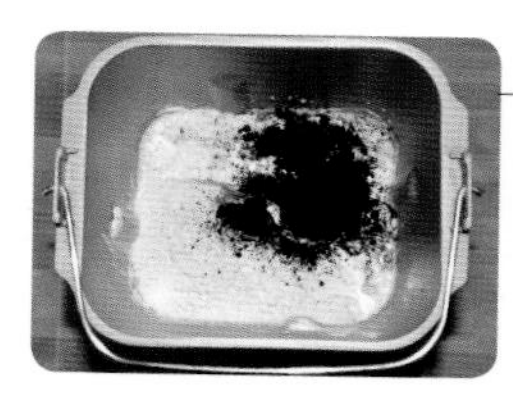

1. 140 克牛奶、30 克糖、2 克耐高糖酵母放入面包机内桶，再加入 180 克高筋面粉、15 克低筋面粉、5 克纯黑可可粉、2 克盐。

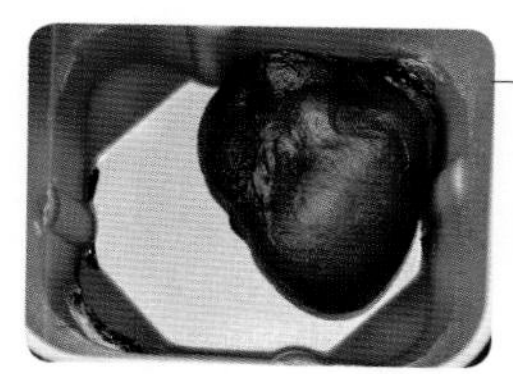

2. 放入面包机，启动和面程序，和面 15 分钟后，加入 20 克无盐黄油，再和 15 分钟就好了。

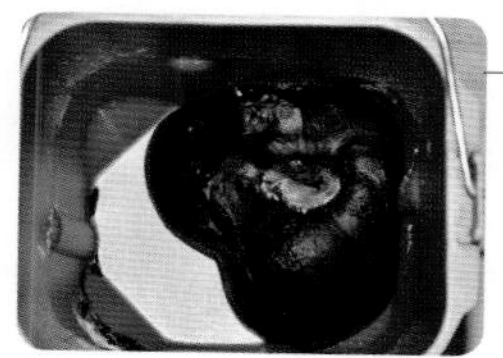

3. 盖好，放温暖的地方发酵 60～90 分钟，发酵好的面团用手指插洞，洞口不回缩、不塌陷。

4. 另取一个大碗，40 克水、5 克玉米油、1 克无铝泡打粉、70 克中筋面粉搅成絮状，分出来 15 克左右，加一点红曲粉。

5. 分别揉成面团。

6. 案板上撒面粉，把面团放案板上平均分成 6 份。

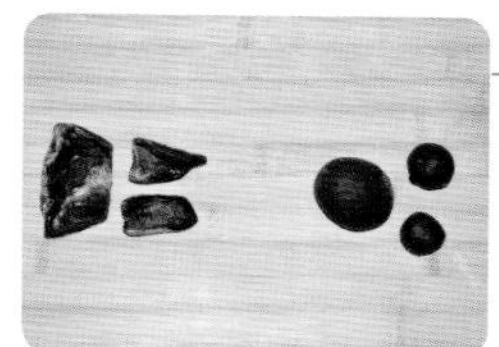

7. 取 1 块面团，切下来两小块，分别揉圆。

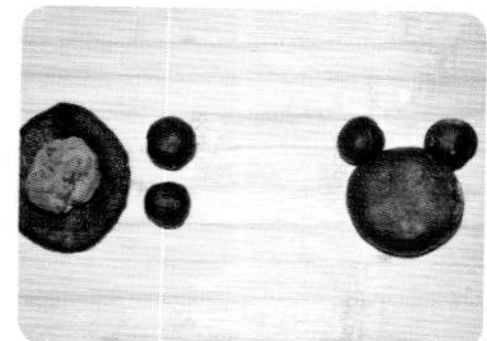

8. 大面团擀开，包入红豆馅，捏紧收口，收口朝下稍压扁，小面团用水粘在大面团上方做耳朵。

9. 把白色中筋面粉面团擀开，剪出米老鼠的脸。

10. 贴在黑色面团上，再用红色中筋面粉面团做出 3 个蝴蝶结，贴在 3 个米老鼠脸的上方。

11. 盖好，发酵至明显变胖约 1 倍。

12. 送入预热好的烤箱，中下层，上下火 180 摄氏度烘烤 20～25 分钟，稍微上色后就加盖锡纸，出炉后用熔化的黑、白巧克力画上表情。

二狗妈妈碎碎念

这款面包的难点就是剪米老鼠的脸，如果掌握不好，那就用个干净的硬纸壳，画出米老鼠的脸剪下来再放到面片上，照着模型去剪。

XIAOCIWEIMIANBAO

小刺猬面包

这片青草地里会有我们爱吃的东西吗?

◎ 原料 YUANLIAO

牛奶 140 克
糖 30 克
耐高糖酵母 2 克
高筋面粉 180 克
低筋面粉 20 克
盐 2 克
无盐黄油 20 克

配料：
红豆馅约 250 克
黑巧克力少许

◎ 做法 ZUOFA

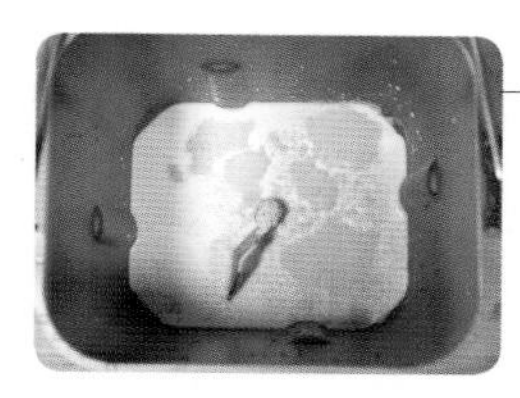

1. 140 克牛奶、30 克糖、2 克耐高糖酵母放入面包机内桶。

2. 加入 180 克高筋面粉、20 克低筋面粉、2 克盐。

3. 放入面包机，启动和面程序，和面 15 分钟后，加入 20 克无盐黄油，再和 15 分钟就好了。

4. 盖好，放温暖的地方发酵 60～90 分钟，发酵好的面团用手指插洞，洞口不回缩、不塌陷。

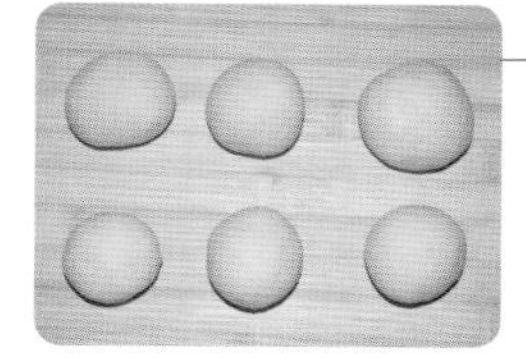

5. 案板上撒面粉，把面团放案板上平均分成 6 份，揉圆静置 15 分钟。

6. 取一块面团擀开，包入红豆馅，捏紧收口，收口朝下，整理成鸭梨形。

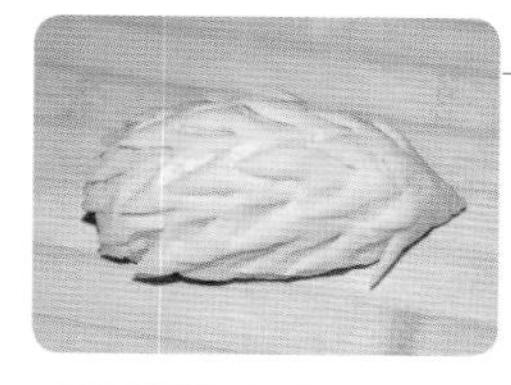

7. 用剪刀剪出刺。

8. 依次做好，码放在不粘烤盘上。

9. 盖好，发酵至明显变胖约 1 倍。

10. 送入预热好的烤箱，中下层，上下火 180 摄氏度烘烤 20～25 分钟，稍微上色后就加盖锡纸，出炉凉透后用熔化的黑巧克力画上眼睛。

二狗妈妈碎碎念

1. 剪刀剪刺猬的刺时，要蘸水再操作。想让刺长一些，剪刀就斜一些；想让刺短一些，那剪刀就直立一些。
2. 也可以在入炉前用两粒蜜豆做眼睛哟。

XIAOZHUMIANBAO

小猪面包

我怎么又饿了？
你看你胖成啥样了，还饿！

◎ 原料 YUANLIAO

主面团：
牛奶 140 克
糖 30 克
耐高糖酵母 2 克
高筋面粉 180 克
低筋面粉 20 克
盐 2 克
无盐黄油 20 克

中筋面粉面团：
水 40 克
玉米油 5 克
无铝泡打粉 1 克
中筋面粉 70 克
红曲粉少许

配料：
红豆馅约 250 克
黑巧克力少许或者黑芝麻 12 粒

二狗妈妈碎碎念

1. 用筷子插鼻孔时候一定要蘸水后再操作。
2. 小猪眼睛可以出炉后用熔化的黑巧克力画出来，也可以入炉前粘上黑芝麻再烘烤。

◎ 做法 ZUOFA

1. 140 克牛奶、30 克糖、2 克耐高糖酵母放入面包机内桶，再加入 180 克高筋面粉、20 克低筋面粉、2 克盐。

2. 放入面包机，启动和面程序，和面 15 分钟后加入 20 克无盐黄油，再和 15 分钟就好了。

3. 盖好，放温暖的地方发酵 60～90 分钟，发酵好的面团用手指插洞，洞口不回缩、不塌陷。

4. 另取一个大碗，加入 40 克水、5 克玉米油、1 克无铝泡打粉、70 克中筋面粉、少许红曲粉，和成面团，盖好备用。

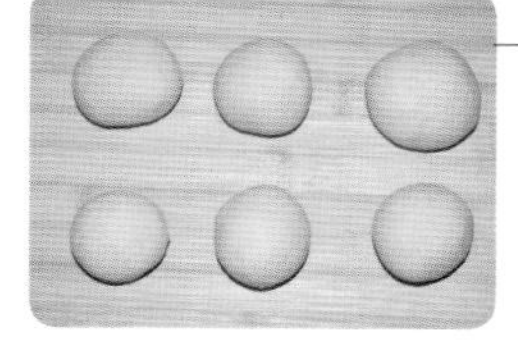

5. 案板上撒面粉，把面团放案板上平均分成 6 份，揉圆盖好静置 15 分钟。

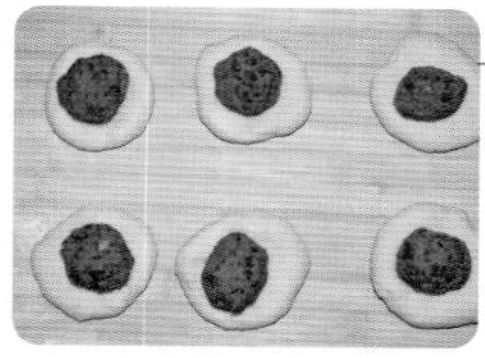
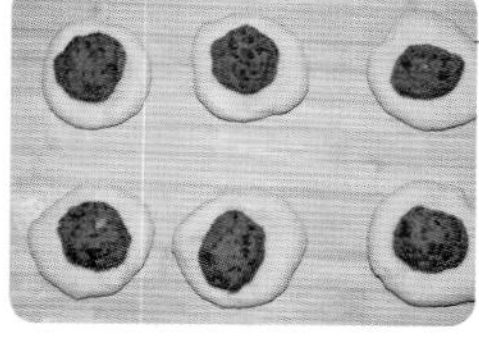

6. 把面团擀开，包入红豆馅。

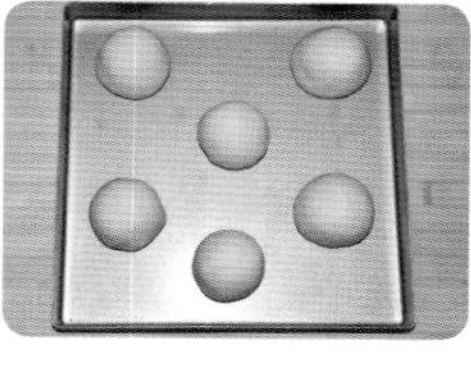

7. 收口朝下，码放在不粘烤盘上。

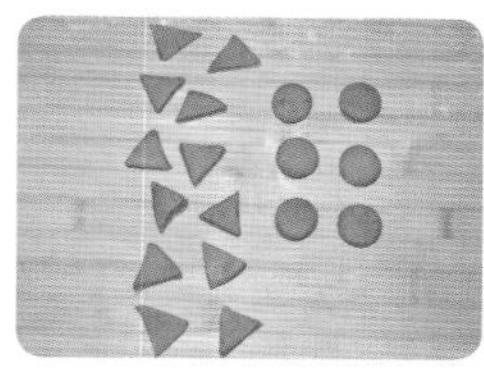

8. 把红色面团擀成薄片，用裱花嘴扣出 6 个圆片，再切出 12 个三角片。

9. 把圆形用水黏合在面包前方，用筷子蘸水插出鼻孔，再把三角片黏合在面包上方两端做耳朵。

10. 盖好，发酵至明显变胖约 1 倍。

11. 送入预热好的烤箱，中下层，上下火 180 摄氏度烤 20～25 分钟，稍微上色后就加盖锡纸，出炉凉透后用熔化的黑巧克力画上眼睛。

挤挤面包

挤挤面包，是近年火爆网络的一款小面包，小面包都以小动物的形态出现，每一款挤挤面包都会萌到你。

本书中的挤挤面包配方用量都是以28厘米×28厘米的“黄金”烤盘为基准的，量比较大，而且烘烤时间也稍长，如果您用20厘米×20厘米的小烤盘，只要把面团用量乘以0.6就可以啦，烘烤时间一般在25～30分钟。

XIAOMAOMIJIJIMIANBAO

小猫咪挤挤面包

喵呜——喵呜——

◎ 原料 YUANLIAO

稠酸奶 200 克
牛奶 200 克
糖 70 克
耐高糖酵母 6 克
高筋面粉 460 克
低筋面粉 100 克
盐 6 克
无盐黄油 30 克

配料：
黑巧克力少许
大杏仁适量

二狗妈妈碎碎念

1. 酸奶要用稠一些的，如果所用酸奶比较稀，需要减少一点酸奶用量。
2. 在每个面团上剪小口的时候，剪刀最好蘸些水，大杏仁插入时，也要蘸一些水，这样更牢固。
3. 面包出炉凉透再用熔化的黑巧克力画出表情哟。

◎ 做法 ZUOFA

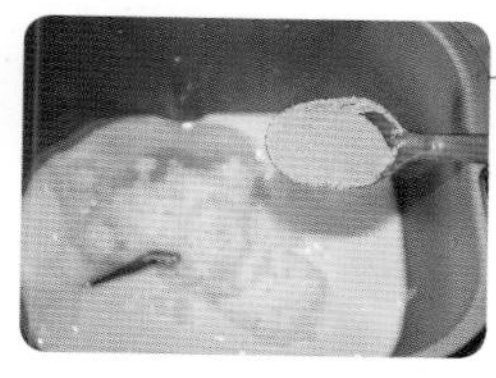

1. 200 克稠酸奶、200 克牛奶、70 克糖、6 克耐高糖酵母放入面包机内桶。

2. 加入 460 克高筋面粉、100 克低筋面粉和 6 克盐。

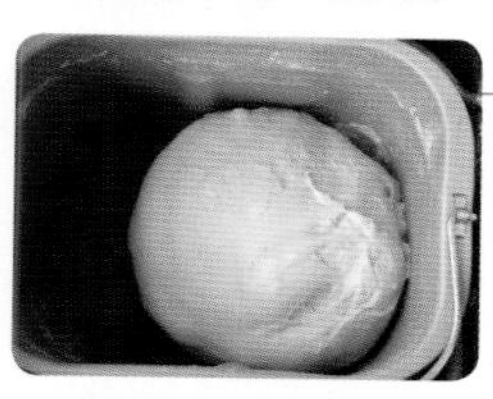

3. 放入面包机，启动和面程序，和面 15 分钟后加入 30 克无盐黄油，再和 15 分钟就好了。

4. 盖好，放温暖的地方发酵 60～90 分钟，发酵好的面团用手指插洞，洞口不回缩、不塌陷。

5. 案板上撒面粉，把面团放案板上平均分成 16 份。

6. 全部揉圆，码放在 28 厘米 ×28 厘米的正方形不粘烤盘上。

7. 盖好，发酵至明显变胖约 1 倍。

8. 在每个面团上方剪两个小口，插入大杏仁。

9. 薄薄筛一层高筋面粉后，送入预热好的烤箱，中下层，上下火 180 摄氏度烘烤 40～45 分钟，烘烤 5 分钟就加盖锡纸，出炉凉透后用熔化的黑巧克力画出表情。

WEINIXIAOXIONGJIJIMIANBAO

维尼小熊挤挤面包

我是小熊维尼，我喜欢吃蜂蜜……

◎ 原料 YUANLIAO

南瓜泥 200 克
水 180 克
糖 60 克
耐高糖酵母 5 克
高筋面粉 450 克
低筋面粉 100 克
盐 5 克
无盐黄油 30 克

配料：
黑巧克力少许
全蛋液适量

二狗妈妈碎碎念

1. 为什么不把小面团放在大面团上面发酵呢？因为大面团膨胀后容易使小面团错位哟。
2. 南瓜泥含水量不同，请您根据实际情况调整面粉的使用量。

◎ 做法 ZUOFA

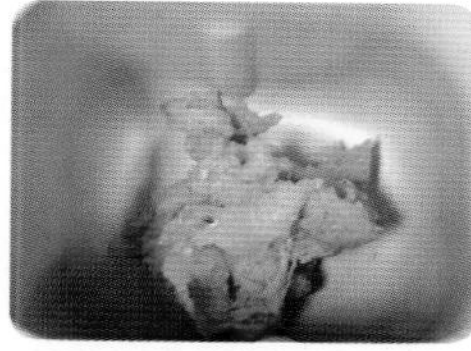

1. 200 克蒸熟凉透的南瓜泥放入面包机内桶。

2. 加入 180 克水、60 克糖、5 克耐高糖酵母、450 克高筋面粉、100 克低筋面粉、5 克盐。

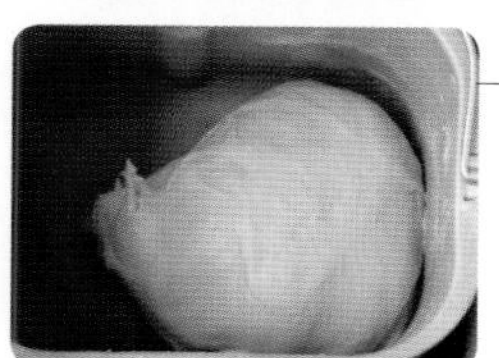

3. 放入面包机，启动和面程序，和面 15 分钟后加入 30 克无盐黄油，再和 15 分钟就好了。

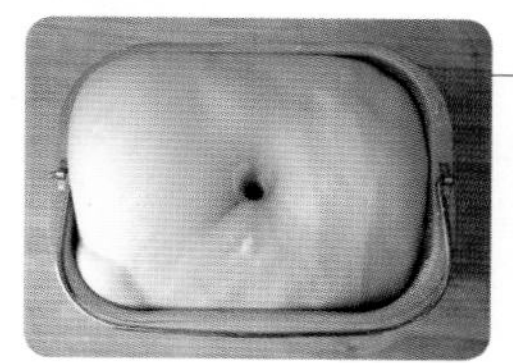

4. 盖好，放温暖的地方发酵 60～90 分钟，发酵好的面团用手指插洞，洞口不回缩、不塌陷。

5. 案板上撒面粉，把面团放案板上按扁，平均分成 16 份。

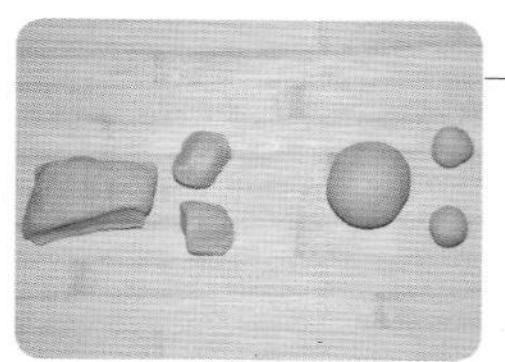

6. 取 1 块面团，切掉两小块，分别揉圆。

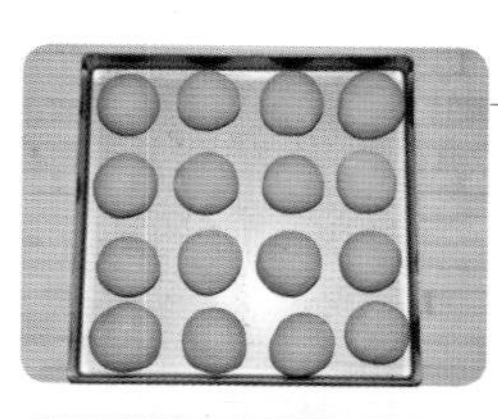

7. 把大面团码放在 28 厘米 ×28 厘米的不粘烤盘上。

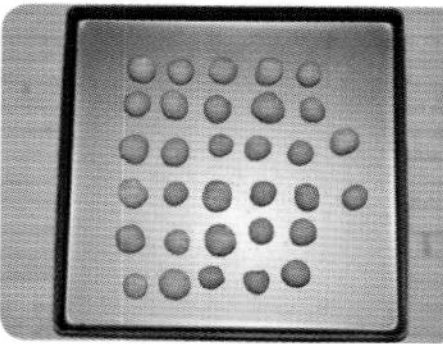

8. 小面团揉圆后随意码放在另外的不粘烤盘中。

9. 盖好，发酵至明显变胖约 1 倍。

10. 刷全蛋液后，把小面团如图放在大面团上方。

11. 送入预热好的烤箱，中下层，上下火 180 摄氏度烘烤 40～45 分钟，烘烤 5 分钟就加盖锡纸，出炉凉透后用熔化的黑巧克力画出表情。

XIAOXIONGMAOJIJIMIANBAO

小熊猫挤挤面包

◎ 原料 YUANLIAO

主面团：
稠酸奶 320 克
鸡蛋 1 个
糖 60 克
耐高糖酵母 5 克
高筋面粉 400 克
低筋面粉 100 克
盐 5 克
无盐黄油 30 克

巧克力面团：
无盐黄油 40 克
糖粉 20 克
全蛋液 15 克
低筋面粉 80 克
可可粉 10 克

配料：
奥利奥饼干约 4 块

憨憨厚厚，胖墩墩，我们是一群可爱的国宝……

◎ 做法 ZUOFA

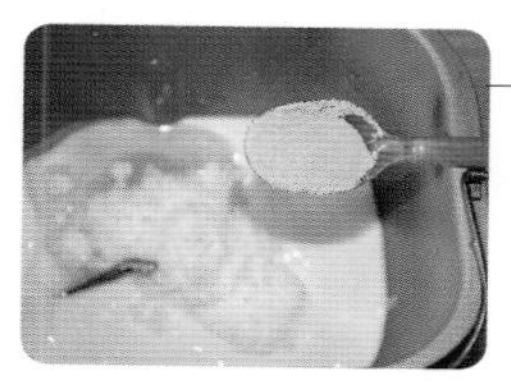

1. 320克稠酸奶、1个鸡蛋、60克糖、5克耐高糖酵母，放入面包机内桶。

2. 再加入400克高筋面粉、100克低筋面粉、5克盐。

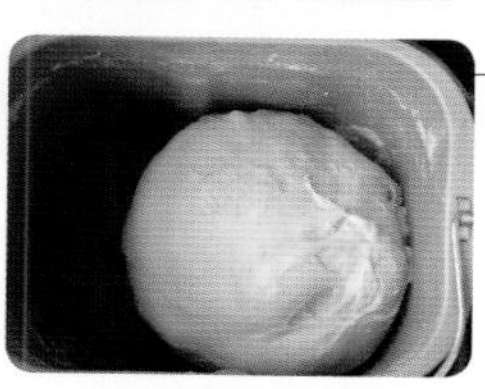

3. 放入面包机，启动和面程序，和面15分钟后加入30克无盐黄油，再和15分钟就好了。

4. 盖好，放温暖的地方发酵60~90分钟，发酵好的面团用手指插洞，洞口不回缩、不塌陷。

5. 案板上撒面粉，把面团放案板上平均分成16份。

6. 把面团揉圆，码放在28厘米×28厘米的不粘烤盘上。

7. 盖好，发酵至明显变胖约1倍。

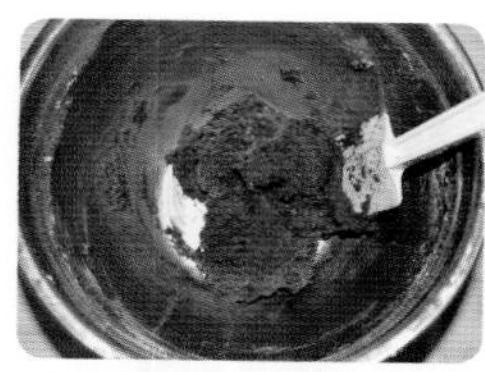

8. 40克无盐黄油软化后，加入20克糖粉搅匀，加入15克全鸡蛋液搅匀，筛入80克低筋面粉、10克可可粉搅匀。

9. 把巧克力面团放保鲜袋子里面擀平，用裱花嘴扣出熊猫眼睛。

10. 面团上刷全蛋液，把熊猫眼睛、嘴巴贴在面团上，在合适位置剪口，插入奥利奥饼干块做耳朵。

11. 送入预热好的烤箱，中下层，上下火180摄氏度烘烤40~45分钟，烘烤5分钟就加盖锡纸。

二狗妈妈碎碎念

1. 用来做熊猫眼睛的巧克力面团，在保鲜袋里擀平后，可先冷藏5分钟后再进行下一步，比较好操作。
2. 如果没有合适的裱花嘴，那就揪小面团揉圆按扁，用牙签戳出小洞就可以了。
3. 奥利奥饼干多准备几块，我们用来做耳朵，要把饼干切成4块，很容易切碎，需要留些备用。

XIAOHOUZIJIJIMIANBAO

小猴子挤挤面包

我们是精力无限的小猴子，
香蕉是我们的最爱哟……

◎ 原料 YUANLIAO

主面团：
牛奶 250 克
鸡蛋 2 个
糖 70 克
耐高糖酵母 5 克
高筋面粉 450 克
低筋面粉 85 克
可可粉 15 克
盐 5 克
无盐黄油 30 克

猴子脸面团：
水 55 克
无铝泡打粉 1 克
玉米油 5 克
中筋面粉 100 克

配料：
黑、粉巧克力少许

◎ 做法 ZUOFA

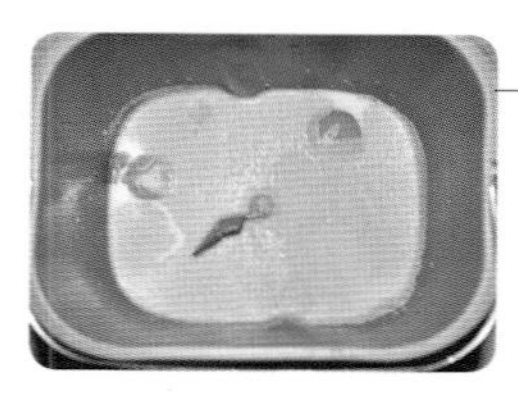

1. 250 克牛奶、2 个鸡蛋、70 克糖、5 克耐高糖酵母倒入面包机内桶。

2. 再加入 450 克高筋面粉、85 克低筋面粉、15 克可可粉、5 克盐。

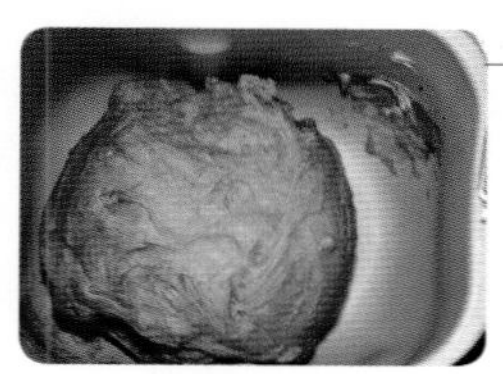

3. 放入面包机，启动和面程序，和面 15 分钟后加入 30 克无盐黄油，再和 15 分钟就好了。

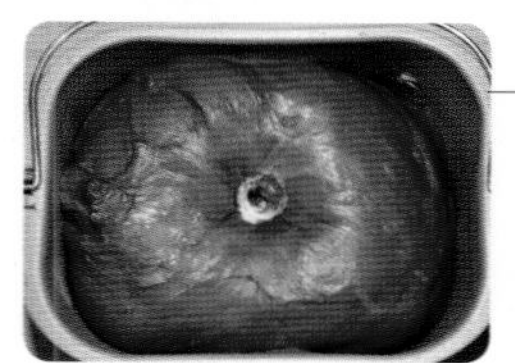

4. 盖好，放温暖的地方发酵 60~90 分钟，发酵好的面团用手指插洞，洞口不回缩、不塌陷。

5. 案板上撒面粉，把面团放案板上平均分成 16 份。

6. 取 1 块面团，切掉两小块（每块约 6 克）。

7. 分别揉圆，小面团按扁，贴在大面团两侧。

8. 依次全部做好，码放在 28 厘米 ×28 厘米的不粘烤盘上，盖好进行第二次发酵。

9. 发酵的时间，我们来做猴子脸面团，55 克水、1 克无铝泡打粉、5 克玉米油、100 克中筋面粉揉成面团。

10. 把猴子脸面团分成 16 份，揉圆擀薄，用剪刀剪出小猴脸形状。

11. 猴子头发酵至明显变胖 1 倍，刷水，把小猴子脸贴在每个面团中间。

12. 送入预热好的烤箱，中下层，上下火 180 摄氏度烘烤 40~45 分钟，烘烤 5 分钟就加盖锡纸，出炉凉透后用熔化的黑、粉巧克力画出表情。

二狗妈妈碎碎念

1. 猴子脸面团要充分揉光滑再进行下一步。
2. 剪猴子脸真的很需要耐心，不要着急哟。

XIAOQINGWAJIJIMIANBAO

小青蛙挤挤面包

绿豆蛙，给生活加点
儿料……

◎ 原料 YUANLIAO

主面团：
牛奶 200 克
鸡蛋 2 个
糖 70 克
耐高糖酵母 5 克
高筋面粉 400 克
低筋面粉 90 克
抹茶粉 10 克
盐 5 克
无盐黄油 30 克

配料：
棉花糖 16 块
黑、粉巧克力少许

二狗妈妈碎碎念

1. 一定要趁热贴上棉花糖，这样才可以把青蛙“眼睛”牢牢粘在面团上哟。
2. 要早一些加盖锡纸，不然上色太深就不好看啦。

◎ 做法 ZUOFA

1. 200 克牛奶、2 个鸡蛋、70 克糖、5 克耐高糖酵母倒入面包机内桶。

2. 再加入 400 克高筋面粉、90 克低筋面粉、10 克抹茶粉、5 克盐。

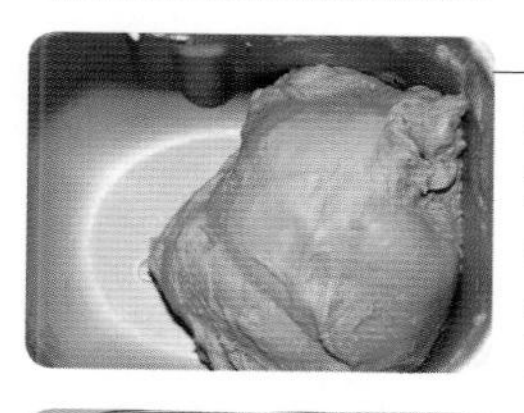

3. 放入面包机，启动和面程序，和面 15 分钟后加入 30 克无盐黄油，再和 15 分钟就好了。

4. 盖好，放温暖的地方发酵 60～90 分钟，发酵好的面团用手指插洞，洞口不回缩、不塌陷。

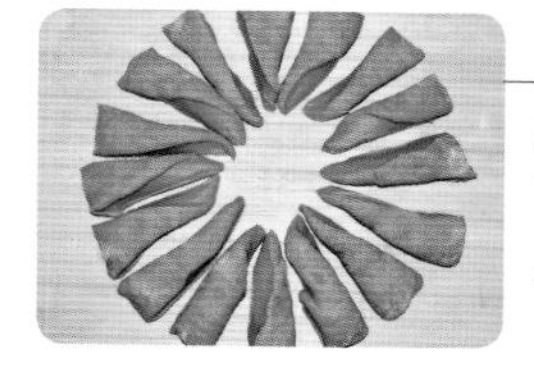

5. 案板上撒面粉，把面团放案板上平均分成 16 份。

6. 把面团揉圆，码放在 28 厘米 ×28 厘米的不粘烤盘上。

7. 盖好，发酵至明显变胖约 1 倍。

8. 送入预热好的烤箱，中下层，上下火 180 摄氏度烘烤 40～45 分钟，烘烤 5 分钟就加盖锡纸。

9. 出炉立即把棉花糖从中间剪开贴在每个面团的上方。

10. 等面包凉透后，用熔化的黑、粉巧克力画出眼睛、嘴巴和脸蛋。

MIANBAOCHAORENJIJIMIANBAO

面包超人挤挤面包

我们是正义的面包超人，我们要维护森林的正义……

◎ 原料 YUANLIAO

主面团：
稠酸奶 200 克
牛奶 200 克
糖 60 克
耐高糖酵母 6 克
高筋面粉 470 克
低筋面粉 100 克
盐 5 克
无盐黄油 30 克

红脸蛋面团：
无盐黄油 40 克
糖粉 20 克
全蛋液 15 克
低筋面粉 85 克
红曲粉 5 克

配料：
黑巧克力少许
全蛋液适量

◎ 做法 ZUOFA

1. 200克稠酸奶、200克牛奶放入面包机内桶，加入60克糖、6克耐高糖酵母。

2. 加入470克高筋面粉、100克低筋面粉、5克盐。

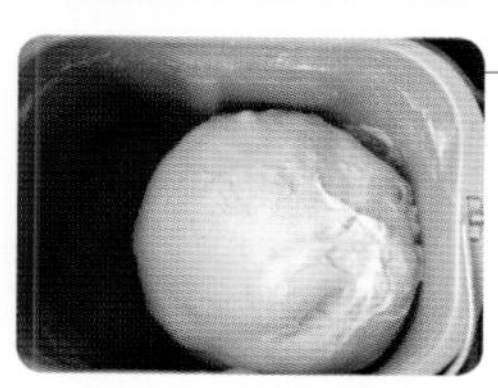

3. 放入面包机，启动和面程序，和面15分钟后加入30克无盐黄油，再和15分钟就好了。

4. 盖好，放温暖的地方发酵60~90分钟，发酵好的面团用手指插洞，洞口不回缩、不塌陷。

5. 案板上撒面粉，把面团放案板上平均分成16份。

6. 把面团揉圆，码放在不粘烤盘上，盖好进行第二次发酵。

7. 发酵面团的时间，我们来做红脸蛋面团：40克无盐黄油软化后，加入20克糖粉搅匀，加入15克全蛋液搅匀，筛入85克低筋面粉、5克红曲粉搅匀。

8. 面团发酵至明显变胖约1倍。

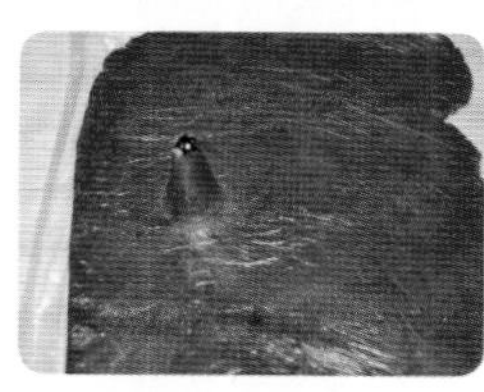

9. 把红色面团放保鲜袋子里面擀平，用裱花嘴扣出超人脸蛋。

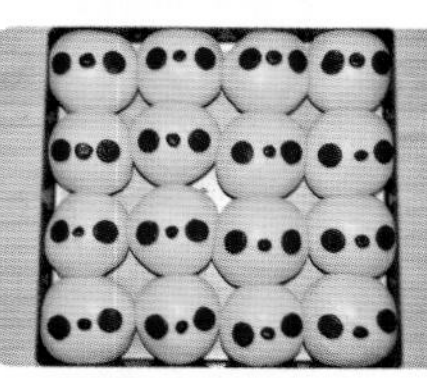

10. 在面团上刷全蛋液，把红色面团贴在相应位置，再揪红色面团做鼻子。

11. 送入预热好的烤箱，中下层，上下火180摄氏度烘烤40~45分钟，烘烤5分钟就加盖锡纸，出炉凉透后用熔化的黑巧克力画出表情。

二狗妈妈碎碎念

1. 红脸蛋面团不要过度揉捏，在保鲜袋里擀平后可以冷藏5分钟后再进行下一步，比较好操作。
2. 如果没有合适的裱花嘴，那就揪小面团揉圆，按扁也行。
3. 不想做红色面团，也可以用香肠片代替红色面团，粘在合适的位置即可。

PIKAQIUJIJIMIANBAO

皮卡丘挤挤面包

◎ **原料** YUANLIAO

南瓜泥 200 克
水 180 克
糖 60 克
耐高糖酵母 5 克
高筋面粉 440 克
低筋面粉 100 克
盐 5 克
无盐黄油 30 克

配料：
火腿肠 1 根
黑巧克力适量
全蛋液适量

嗨！快使用小小电击，把树果从树上打来，咱们一起分享。

◎ 做法 ZUOFA

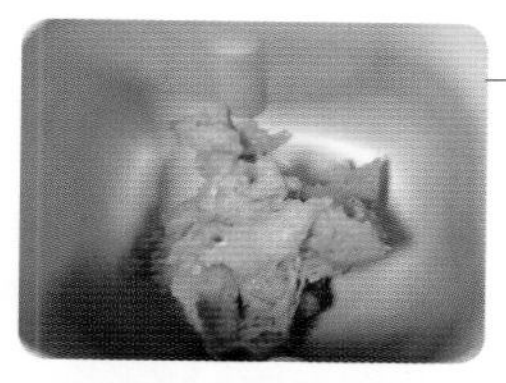

1. 将 200 克蒸熟凉透的南瓜泥放入面包机内桶。

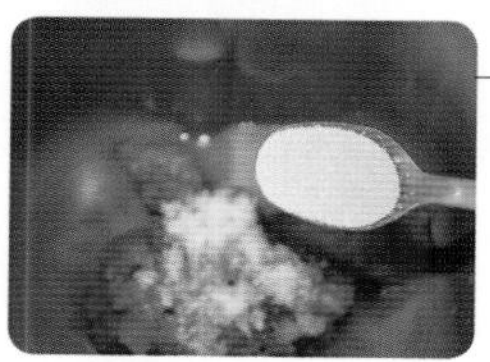

2. 加入 180 克水、60 克糖、5 克耐高糖酵母。

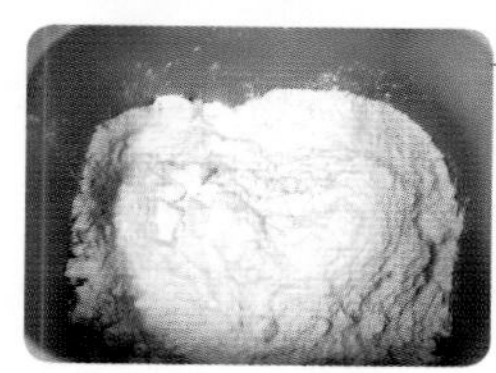

3. 再加入 440 克高筋面粉、100 克低筋面粉、5 克盐。

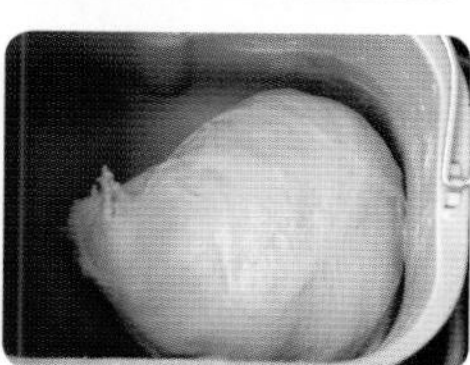

4. 放入面包机，启动和面程序，和面 15 分钟后加入 30 克无盐黄油，再和 15 分钟就好了。

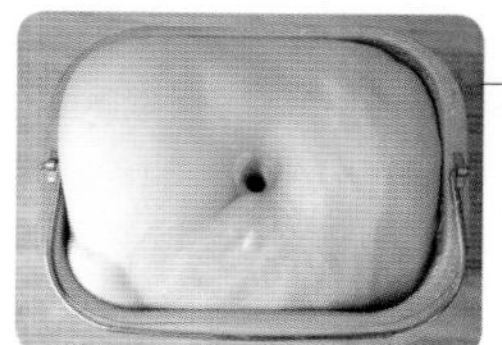

5. 盖好，放温暖的地方发酵 60～90 分钟，发酵好的面团用手指插洞，洞口不回缩、不塌陷。

6. 案板上撒面粉，把面团放案板上按扁，平均分成 16 份。

7. 取 1 块面团，切掉两小块（每块约 6 克）。

8. 把大面团揉圆，码放在 28 厘米 ×28 厘米的不粘烤盘上。

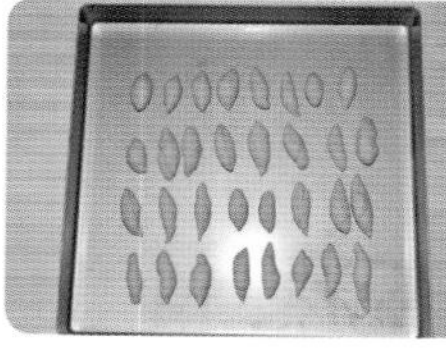

9. 小面团搓成枣核状后随意码放在另外的不粘烤盘上。

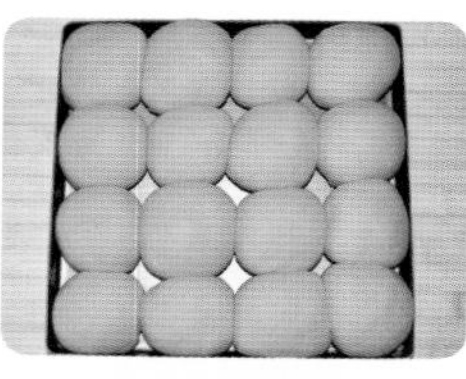

10. 盖好，发酵至明显变胖约 1 倍。

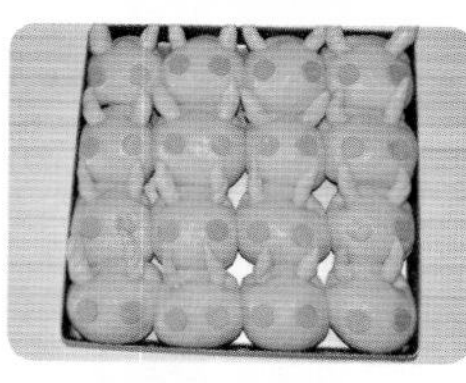

11. 在每个面团上方剪两个小口，把小面团塞入洞中，刷全蛋液，在脸蛋位置贴上火腿肠薄片。

12. 送入预热好的烤箱，中下层，上下火 180 摄氏度烘烤 40～45 分钟，烘烤 5 分钟就加盖锡纸，出炉凉透后用熔化的黑巧克力画出表情。

二狗妈妈碎碎念

1. 南瓜泥含水量不同，请您根据实际情况调整面粉的使用量。
2. 一定要把小面团塞进大面团剪好的洞中，不然容易错位。

XIAOHAIBAOJIJIMIANBAO

小海豹挤挤面包

◎ 原料 YUANLIAO

主面团：
稠酸奶 320 克
鸡蛋 1 个
糖 60 克
耐高糖酵母 5 克
高筋面粉 400 克
低筋面粉 100 克
盐 5 克
无盐黄油 30 克

配料：
黑巧克力适量

听说，如果有人躺在北极的雪地上，海豹就会爬过去依偎他，希望用自己的体温把他救活……

◎ 做法 ZUOFA

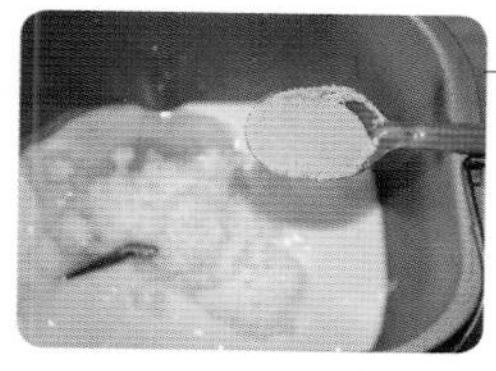

1. 320克稠酸奶、1个鸡蛋、60克糖、5克耐高糖酵母放入面包机内桶。

2. 再加入400克高筋面粉、100克低筋面粉、5克盐。

3. 放入面包机，启动和面程序，和面15分钟后加入30克无盐黄油，再和15分钟就好了。

4. 盖好，放温暖的地方发酵60~90分钟，发酵好的面团用手指插洞，洞口不回缩、不塌陷。

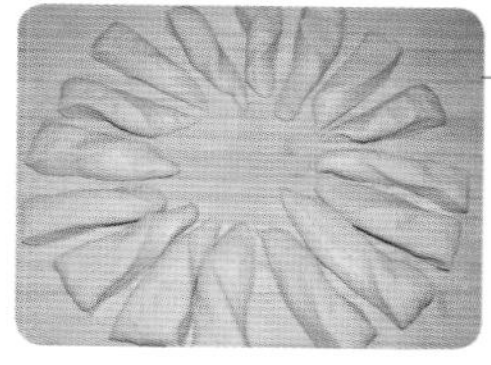

5. 案板上撒面粉，把面团放案板上平均分成16份。

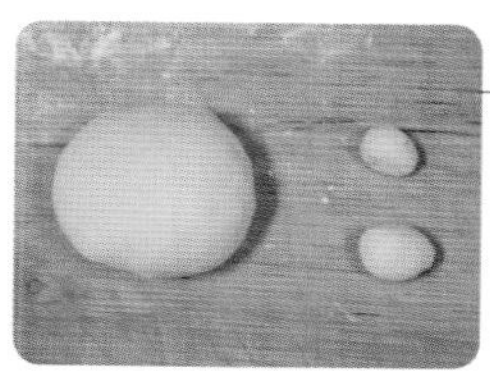

6. 取1块面团，切下来两小块面团（每块约3克），分别揉圆。

7. 大面团码放在28厘米×28厘米的不粘烤盘上。

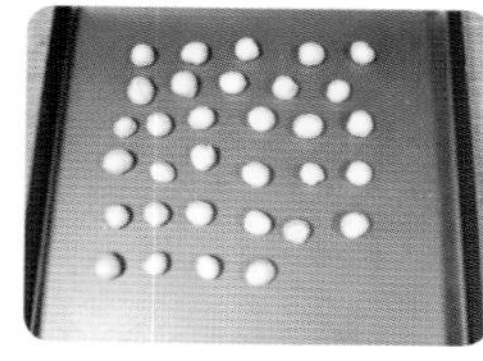

8. 小面团随意放在另外的不粘烤盘上。

9. 盖好，发酵至明显变胖约1倍，在大面团上薄薄刷一层水。

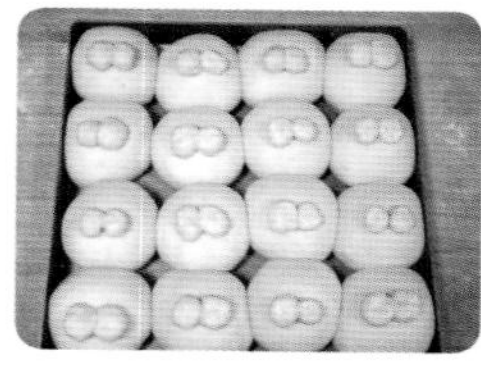

10. 把小面团两个一组粘在大面团中间。

11. 筛一层高筋面粉。

12. 送入预热好的烤箱，中下层，上下火180摄氏度烘烤40~45分钟，烘烤5分钟就加盖锡纸，出炉凉透后用熔化的黑巧克力画出表情。

二狗妈妈碎碎念

1. 为什么不把小面团放在大面团上面发酵呢？因为大面团膨胀后容易使小面团错位哟。
2. 表面筛粉不要太厚哟。

CHAPTER 5

有馅有料的面包

有馅有料的面包是我自己定义的。这类面包一口咬下去，有面团的软香，又有馅料的丰富滋味，这种感觉真的是妙极了！通常，我遇到带馅的面包，都会比平时多吃很多……

馅料千变万化，不一定要和我用一样的馅料，选您喜欢的，做一款属于自己的专属面包，岂不是一件很快乐的事？

YERONGXIAOHUAMIANBAO
椰蓉小花
面包
清晨，伴着微风，看着这一朵一朵的花儿盛开，闻着椰蓉的甜香，美好的一天开始了……

◎ 原料 YUANLIAO

牛奶 140 克
糖 30 克
耐高糖酵母 2 克
高筋面粉 180 克
低筋面粉 20 克
盐 2 克
无盐黄油 20 克

椰蓉馅：
无盐黄油 60 克
糖粉 30 克
全蛋液 20 克
椰蓉 80 克

配料：
白芝麻少许
全蛋液适量

◎ 做法 ZUOFA

1. 140 克牛奶、30 克糖、2 克耐高糖酵母放入面包机内桶，再加入 180 克高筋面粉、20 克低筋面粉、2 克盐。

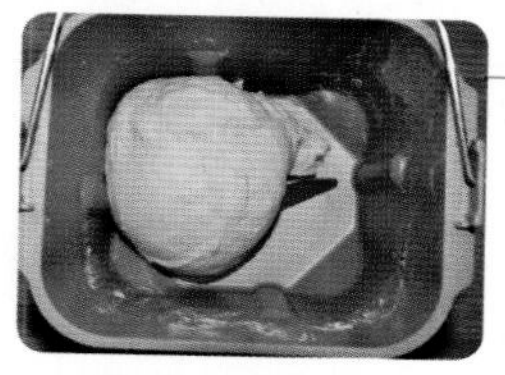

2. 放入面包机，启动和面程序，和面 15 分钟后加入 20 克无盐黄油，再和 15 分钟就好了。

3. 盖好，放温暖的地方发酵 60～90 分钟，发酵好的面团用手指插洞，洞口不回缩、不塌陷。

4. 发酵面团的时间，我们来做椰蓉馅：60 克黄油软化后加入 30 克糖粉搅匀，分 3 次加 20 克全蛋液搅匀，再加入80克椰蓉搅匀。

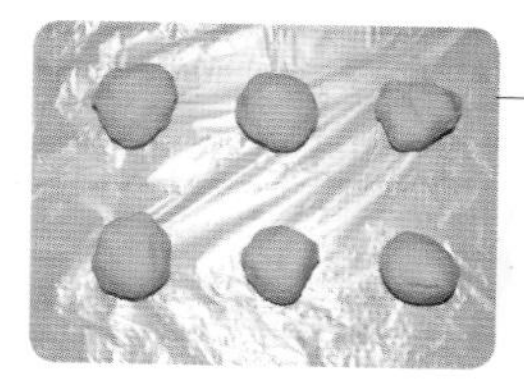

5. 分成 6 份备用。

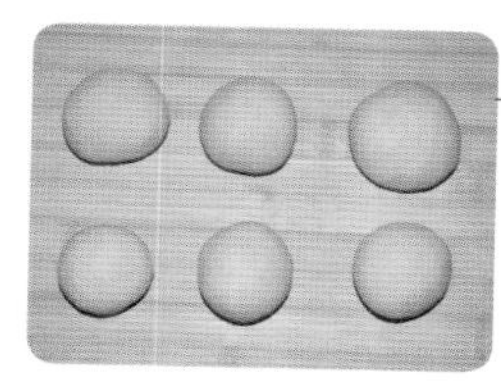

6. 案板上撒面粉，把面团放案板上平均分成 6 份，揉圆盖好静置 15 分钟。

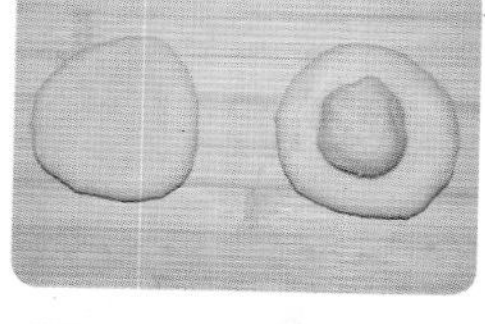

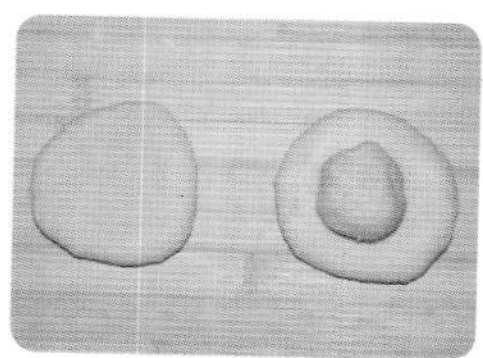

7. 取一个面团擀开，放一颗椰蓉馅。

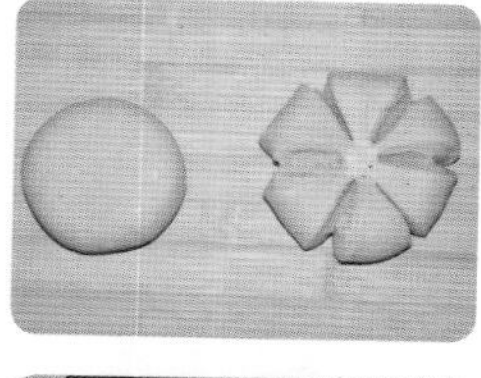

8. 包起来，捏紧收口，收口朝下按扁，切 6 刀成小花形。

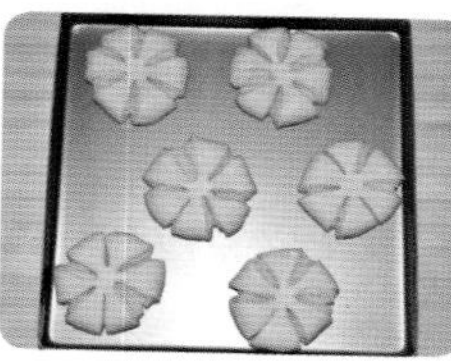

9. 码放在不粘烤盘上。

10. 盖好，发酵至明显变胖约 1 倍。

11. 表面刷全蛋液，面包中心撒白芝麻，送入预热好的烤箱，中下层，上下火 190 摄氏度烘烤 20 分钟，上色后及时加盖锡纸。

二狗妈妈碎碎念

1. 做椰蓉馅时，全蛋液至少分 3 次加入黄油中，每加一次都要搅匀再加下一次。
2. 花瓣我分了 6 个，如果您喜欢 8 个花瓣，那就切 8 刀就可以了。

RISHIHONGDOUBAO

日式红豆包

明明就是红豆饼嘛，大家却都喜欢叫你日式红豆包。

◎ 原料 YUANLIAO

牛奶 140 克
糖 30 克
耐高糖酵母 2 克
高筋面粉 180 克
低筋面粉 20 克
盐 2 克
无盐黄油 20 克

配料：
红豆馅约 300 克
黑芝麻少许

二狗妈妈碎碎念

1. 如果不喜欢红豆馅，可以换成自己喜欢的任何馅。
2. 如果不喜欢上色这么深，那就降低上下火温度。

◎ 做法 ZUOFA

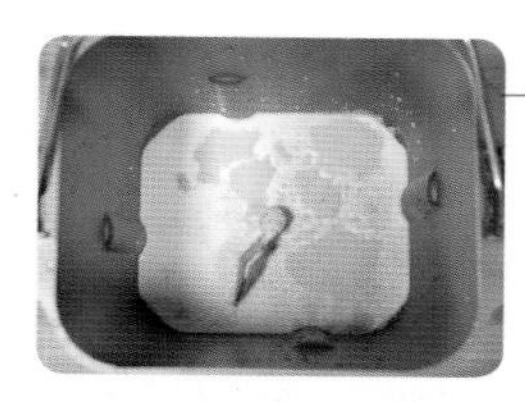

1. 将 140 克牛奶、30 克糖、2 克耐高糖酵母放入面包机内桶。

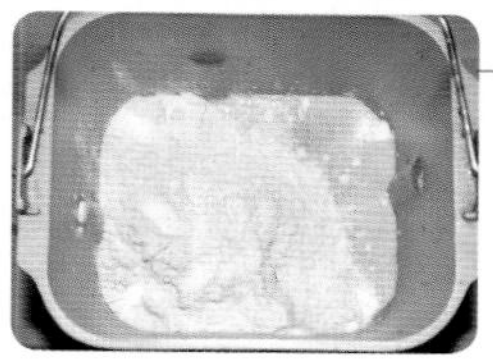

2. 再加入 180 克高筋面粉、20 克低筋面粉、2 克盐。

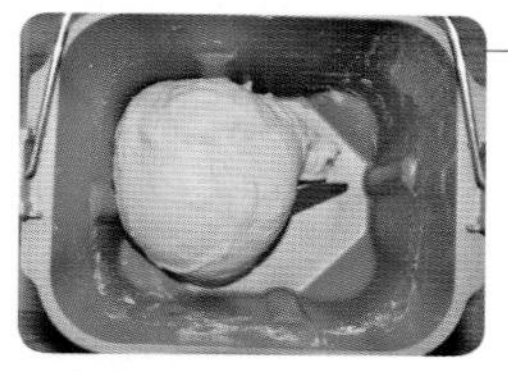

3. 放入面包机，启动和面程序，和面 15 分钟后加入 20 克无盐黄油，再和 15 分钟就好了。

4. 盖好，放温暖的地方发酵 60～90 分钟，发酵好的面团用手指插洞，洞口不回缩、不塌陷。

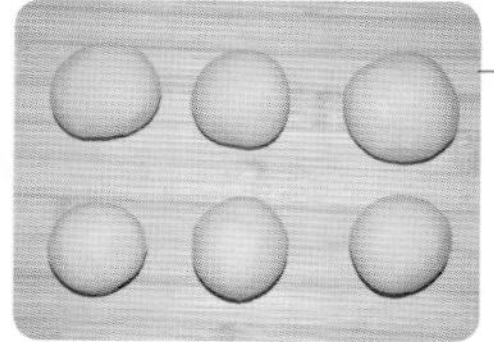

5. 案板上撒面粉，把面团放案板上平均分成 6 份，揉圆盖好静置 15 分钟。

6. 把红豆馅分成 50 克左右一份，共分 6 份。

7. 把面团擀开，包入红豆馅，捏紧收口。

8. 收口朝下，码放在不粘烤盘上。

9. 盖好，发酵至明显变胖约 1 倍，刷水，撒黑芝麻。

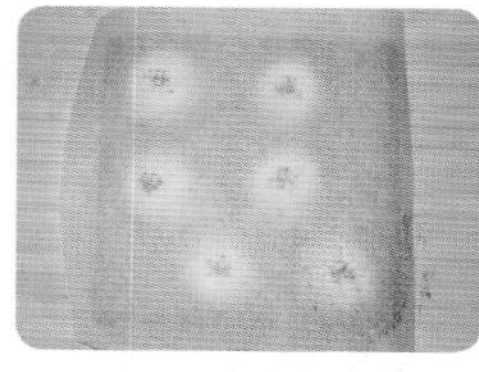

10. 用一张油纸盖在面包上。

11. 再压上一个烤盘。

12. 送入预热好的烤箱，中下层，上下火 180 摄氏度烘烤 20 分钟即可。

XIANGJIAONAIHUANGBAO

香蕉奶黄包

浓郁的香蕉面团遇到甜香的奶黄馅，再有些许沙拉酱的点缀，混搭出来的味道非常奇妙……

◎ 原料 YUANLIAO

香蕉肉 100 克
牛奶 80 克
糖 30 克
耐高糖酵母 3 克
高筋面粉 200 克
低筋面粉 50 克
盐 3 克
无盐黄油 20 克

奶黄馅：
无盐黄油 30 克
淡奶油 100 克
糖 40 克
鸡蛋 2 个
澄面 80 克
奶粉 40 克

配料：
沙拉酱少许
全蛋液适量

◎ 做法 ZUOFA

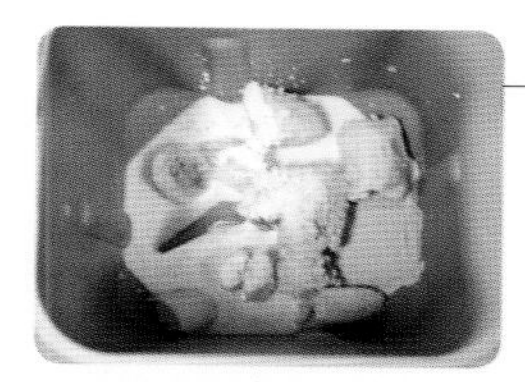

1. 将100克熟透的香蕉果肉掰小块放入面包机内桶，加入80克牛奶、30克糖、3克耐高糖酵母。

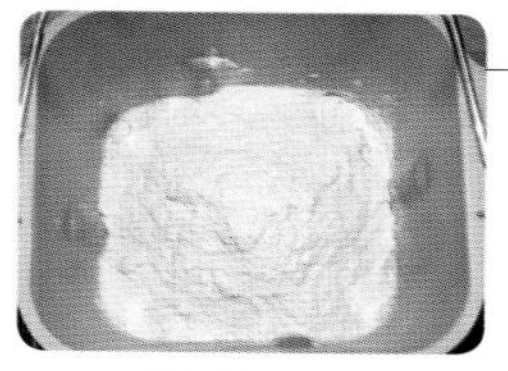

2. 再加入200克高筋面粉、50克低筋面粉、3克盐。

3. 放入面包机，启动和面程序，和面15分钟后加入20克无盐黄油，再和15分钟就好了。

4. 盖好，放温暖的地方发酵60~90分钟，发酵好的面团用手指插洞，洞口不回缩、不塌陷。

5. 发酵面团的时间，我们来做奶黄馅：准备一个小锅，将30克无盐黄油、100克淡奶油、40克糖、2个鸡蛋、80克澄面、40克奶粉放入小锅中。

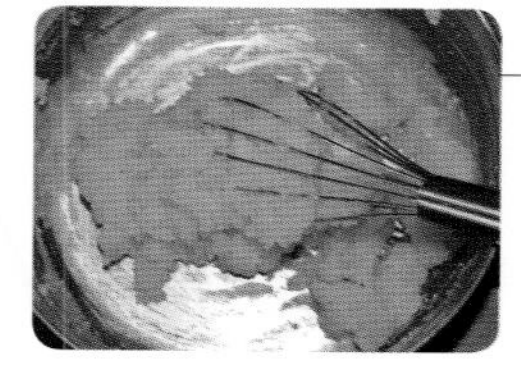

6. 小火加热，边加热边搅拌，一直到浓稠至结块，关火凉透备用。

二狗妈妈碎碎念

1. 香蕉要选用表皮有黑点的，那样的香蕉果肉熟透了，好吃。
2. 煮奶黄馅时一定要小火，不停搅拌，不然容易煳锅。
3. 把沙拉酱装进裱花袋，剪一个小小的口子，这样挤出来的线条才细哟。

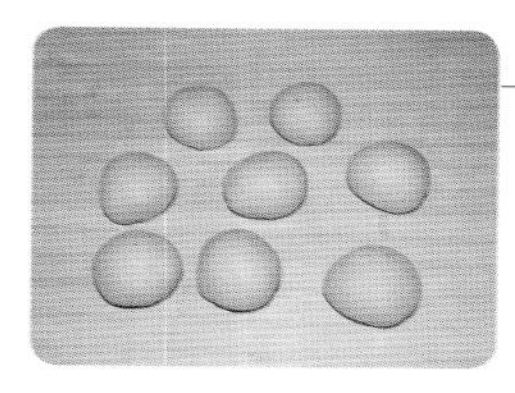

7. 案板上撒面粉，把面团放案板上分成8份，揉圆，盖好，静置15分钟。

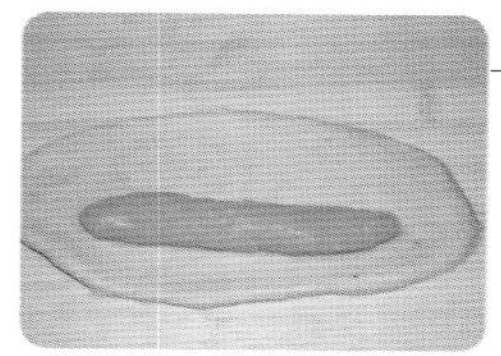

8. 取一个面团擀开，放一条奶黄馅。

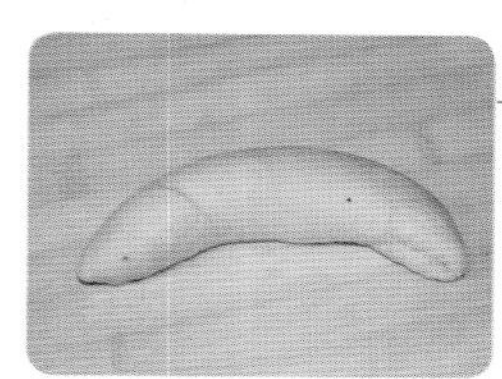

9. 卷起来，捏紧收口，整理成弯月状。

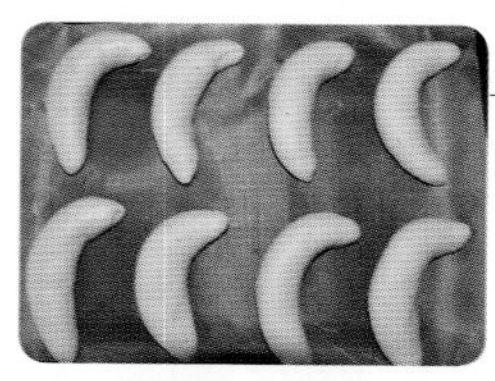

10. 全部做好，码放在烤盘上。

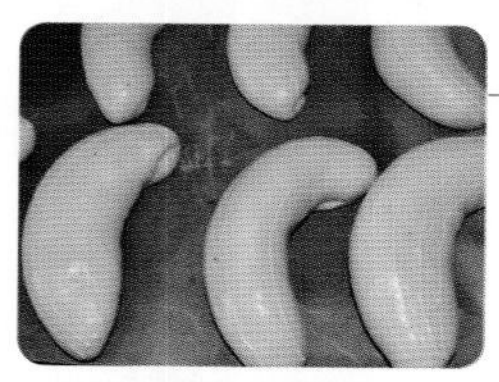

11. 盖好，发酵至明显变胖约1倍，刷全蛋液，用裱花袋装入沙拉酱，挤出几条花纹。

12. 送入预热好的烤箱，中下层，上下火190摄氏度烘烤25分钟，上色后及时加盖锡纸。

这是一款集美貌与美味于一身的面包，面团的软香搭配抹茶蛋糕的清香，每一口都是享受……

MOCHADANGAOJIAXINMIANBAO

抹茶蛋糕夹心面包

◎ 原料 YUANLIAO

抹茶蛋糕：
牛奶 80 克
抹茶粉 10 克
玉米油 40 克
低筋面粉 50 克
鸡蛋 4 个
糖 40 克

主面团：
水 200 克
鸡蛋 1 个
糖 50 克
耐高糖酵母 4 克
高筋面粉 340 克
低筋面粉 60 克
盐 3 克
无盐黄油 30 克

配料：
全蛋液适量

二狗妈妈碎碎念

1. 先揉面团，利用基础发酵的时间来做抹茶蛋糕片，这样蛋糕片准备好了，面团也基本发酵好了。
2. 如果您不喜欢抹茶的味道，那就用等量可可粉替换抹茶粉。
3. 面团包入蛋糕片时，切的面条一定不要太窄，不然包下来不好看。

◎ 做法 ZUOFA

1. 200 克水倒入面包机内桶，加入 1 个鸡蛋、50 克糖、4 克耐高糖酵母、340 克高筋面粉、60 克低筋面粉、3 克盐。

2. 放入面包机，启动和面程序，和面 15 分钟后加入 30 克无盐黄油，再和 15 分钟就好了。

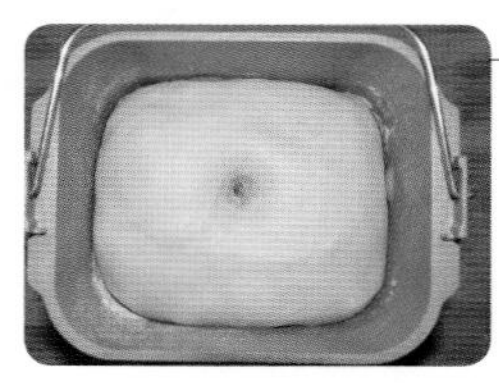

3. 盖好，放温暖的地方发酵 60～90 分钟，发酵好的面团用手指插洞，洞口不回缩、不塌陷。

4. 发酵面团的时间我们来做抹茶蛋糕片：先把 28 厘米 ×28 厘米方形烤盘铺油布备用，烤箱预热至 190 摄氏度。

5. 80 克牛奶加 10 克抹茶粉搅匀，再加入 40 克玉米油搅匀。

6. 筛入 50 克低筋面粉，搅匀。

7. 4 个鸡蛋分开蛋清蛋黄，蛋黄直接放到抹茶面糊中，蛋清盆中一定无油无水。

8. 蛋黄与抹茶面糊搅匀备用。

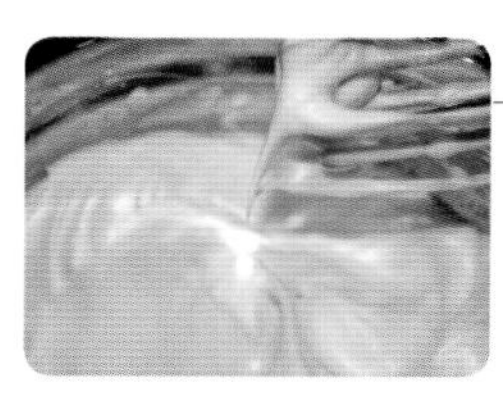

9. 蛋清加入40克糖，打发至提起打蛋器，有一个长弯角。

10. 挖一大勺蛋清到抹茶面糊中。

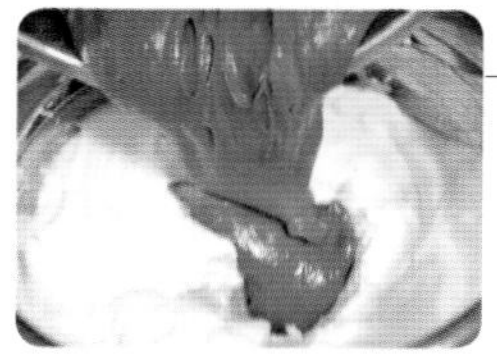

11. 翻拌均匀后倒入蛋清盆中。

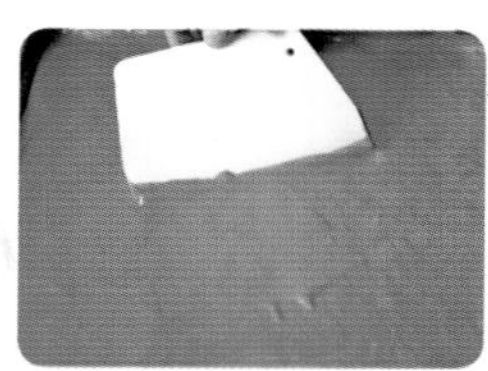

12. 再翻拌均匀后倒入烤盘，用刮刀抹平。

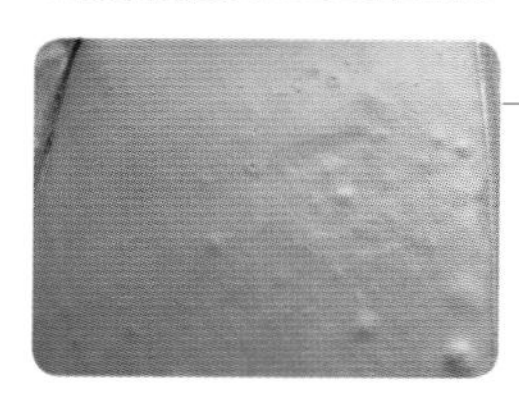

13. 送入烤箱，190摄氏度12分钟。蛋糕烤好后，出炉立即揪着油布边把蛋糕片移到凉网上。

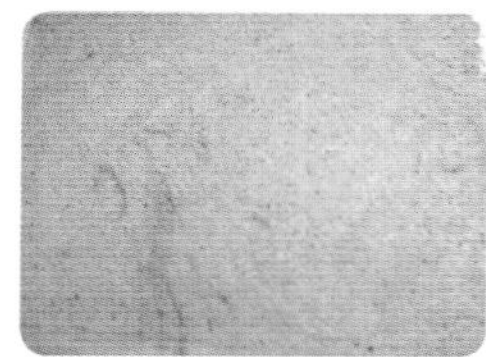

14. 凉透后翻面，揭去油布。

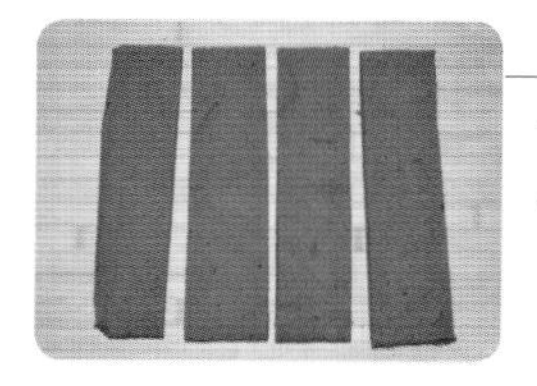

15. 把蛋糕片平均分成4份，盖好备用。

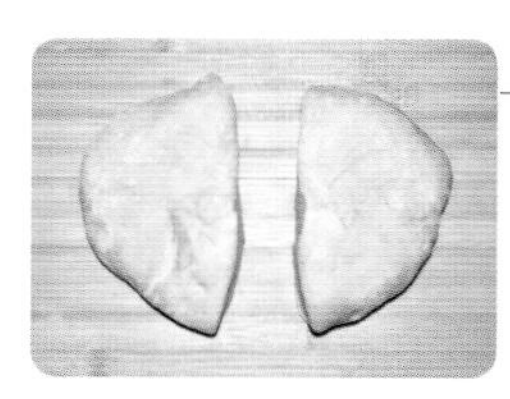

16. 此时，面团已经发酵好了，案板上撒面粉，把面团放案板上一分为二。

17. 取一块面团擀成长方形，中间放两条抹茶蛋糕片。

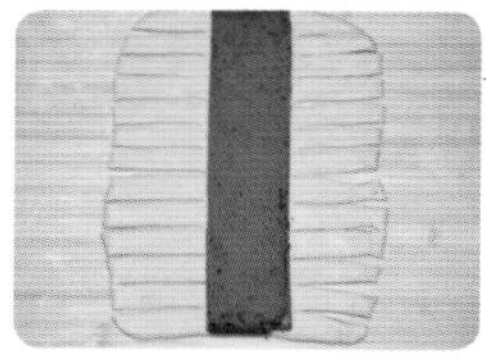

18. 把面片两边都切成12条。

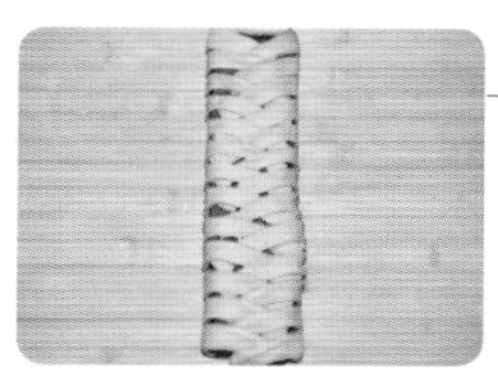

19. 两边交替包住蛋糕片，同样步骤把另外一个也做好。

20. 码放在不粘烤盘上。

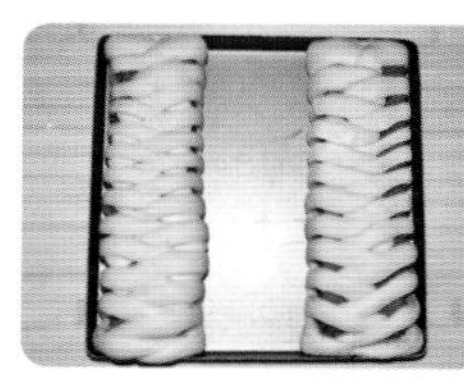

21. 盖好，发酵至明显变胖约1倍。

22. 表面刷全蛋液，送入预热好的烤箱，中下层，上下火180摄氏度烘烤30分钟，上色后及时加盖锡纸。

NAILAOBAO

奶酪包

听说这个奶酪包人气指数爆棚，尝一口，哇哦，果然名不虚传……

◎ 原料 YUANLIAO

牛奶 210 克
鸡蛋 1 个
糖 50 克
耐高糖酵母 4 克
高筋面粉 300 克
低筋面粉 80 克
盐 4 克
无盐黄油 30 克

奶酪馅：
奶油奶酪 200 克
糖 40 克
牛奶 30 克

配料：
奶粉适量

◎ 做法 ZUOFA

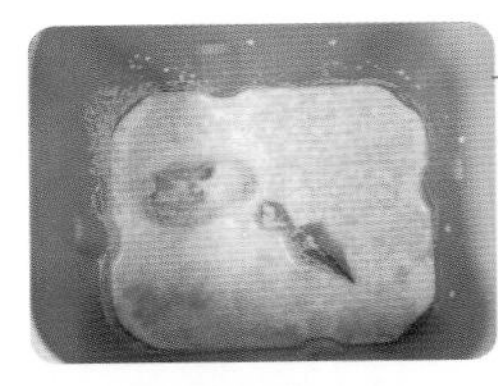

1. 将 210 克牛奶、1 个鸡蛋、50 克糖、4 克耐高糖酵母放入面包机内桶。

2. 再加入 300 克高筋面粉、80 克低筋面粉、4 克盐。

3. 面包机启动和面程序，和面 15 分钟后加入 30 克无盐黄油，再和 15 分钟就好了。

4. 盖好，放温暖的地方发酵 70～90 分钟，发酵好的面团用手指插洞，洞口不回缩、不塌陷。

5. 案板上撒面粉，把面团放案板上平均分成 4 份。

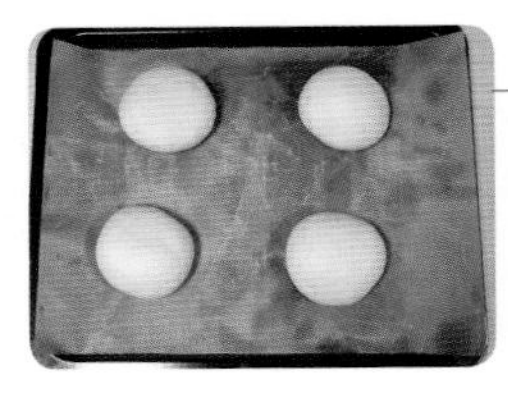

6. 把面团揉圆，码放在烤盘上（如果不是不粘烤盘，需要垫油布或者油纸哟）。

二狗妈妈碎碎念

1. 如果喜欢吃更大块的，那就把面团分成 2 个，每个都放在 6 寸圆蛋糕模具里，烘烤时间增加 10 分钟。
2. 奶酪馅隔热水搅匀就可以啦。
3. 奶粉用您喜欢的任何奶粉都可以。

7. 盖好发酵至明显变胖约1倍（室温约60分钟）。

8. 送入预热好的烤箱，中下层，上下火190摄氏度烘烤30分钟，上色后及时加盖锡纸。

9. 出炉取出放凉。

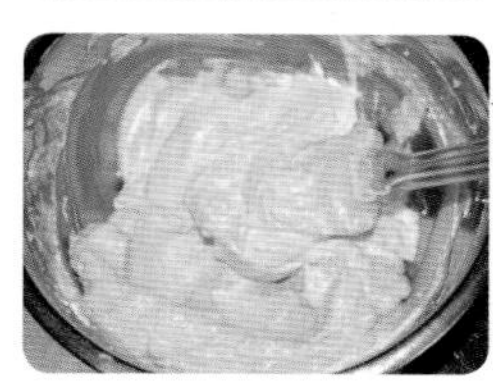

10. 凉面包的时间，我们来做奶酪馅：200克奶油奶酪加40克糖、30克牛奶，隔热水搅拌均匀。

11. 把一个面包分成4份。

12. 横切两刀但不切断。

13. 把奶酪馅抹在夹层中间后，两侧也抹满奶酪。

14. 把两侧蘸满奶粉就可以啦。

MOCHAMIDOUMIANBAO

抹茶蜜豆面包

抹茶和蜜豆的配合天衣无缝，甜甜蜜蜜的口感，感觉心也跟着甜蜜起来……

◎ 原料 YUANLIAO

牛奶 140 克
糖 20 克
耐高糖酵母 2 克
高筋面粉 195 克
抹茶粉 5 克
盐 2 克
无盐黄油 20 克

配料：
蜜豆适量

二狗妈妈碎碎念

1. 盖一层锡纸是为了防止上色太深不好看，如果您的烤箱脾气温柔，那就可以不盖这层锡纸哟。
2. 蜜豆可以用红豆馅替换。

◎ 做法 ZUOFA

1. 140 克牛奶、20 克糖、2 克耐高糖酵母放入面包机内桶，再加入 195 克高筋面粉、5 克抹茶粉、2 克盐。

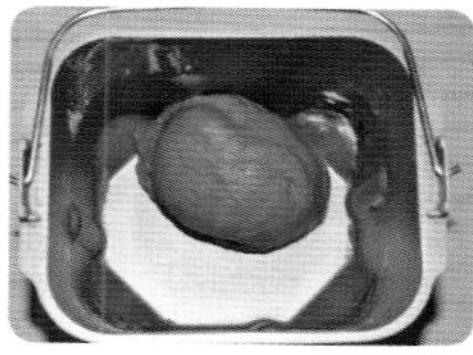

2. 放入面包机，启动和面程序，和面 15 分钟后加入 20 克无盐黄油，再和 15 分钟就好了。

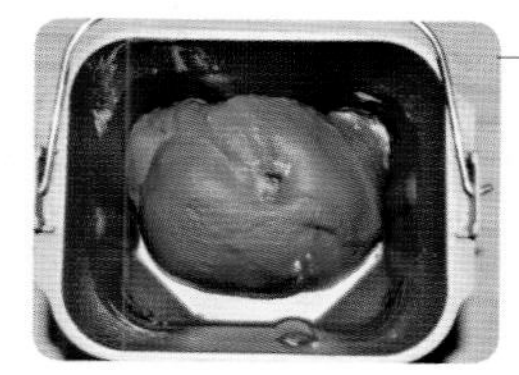

3. 盖好，放温暖的地方发酵 60~90 分钟，发酵好的面团用手指插洞，洞口不回缩、不塌陷。

4. 案板上撒面粉，把面团放案板上平均分成 8 份，揉圆静置 15 分钟。

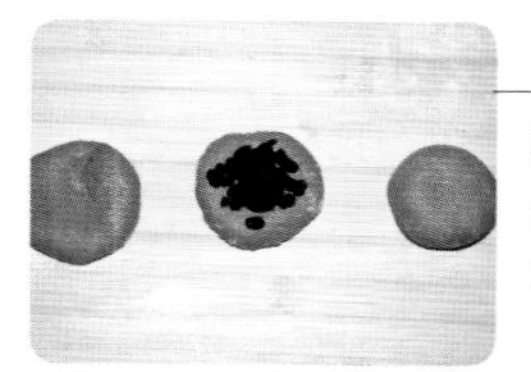

5. 取一块面团擀开，包入蜜豆，捏紧收口，收口朝下按扁。

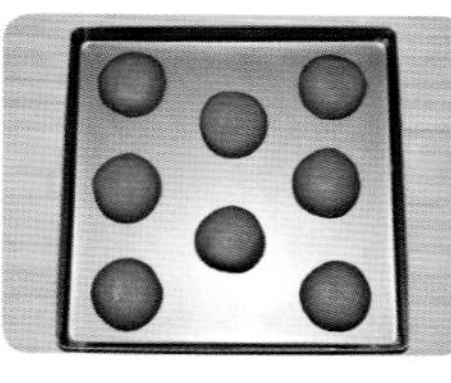

6. 依次做好后，码放在不粘烤盘上。

7. 盖好，发酵至明显变胖约 1 倍。

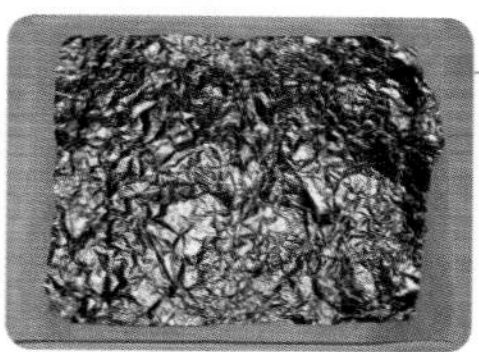

8. 在面包上盖一层油纸，再盖一层锡纸。

9. 压上一个烤盘。

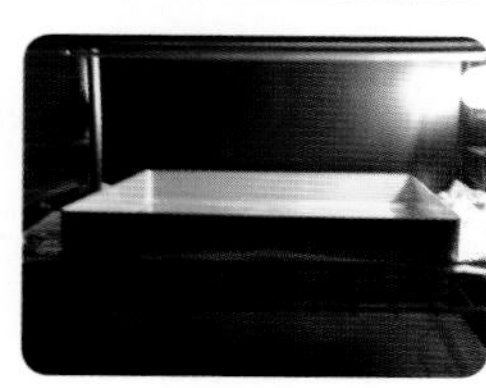

10. 送入预热好的烤箱，中下层，上下火 180 摄氏度烘烤 20 分钟。

MOCHAMIANBAOAISHANGNIUNAIDANGAO

抹茶面包爱上牛奶蛋糕

我想吃面包，我还想吃蛋糕，好了好了，现在不纠结了，一口咬下去，同时吃到了蛋糕和面包……

◎ 原料 YUANLIAO

抹茶面包面团：
牛奶 140 克
糖 30 克
耐高糖酵母 2 克
高筋面粉 170 克
低筋面粉 25 克
抹茶粉 5 克
盐 2 克
无盐黄油 20 克

牛奶蛋糕：
鸡蛋 3 个
玉米油 20 克
牛奶 40 克
低筋面粉 50 克
糖 20 克

配料：
葡萄干少许

纸杯尺寸：
直径 6 厘米
高 5.5 厘米

二狗妈妈碎碎念

1. 一定要等到面团明显变胖约 1 倍时再动手做蛋糕面糊。
2. 动手做面糊时就要预热烤箱哟。
3. 出炉后要侧放纸杯，防止蛋糕回缩。
4. 葡萄干可放可不放，也可以用蜜豆替换。
5. 不喜欢抹茶口味，您可以用等量可可粉或红曲粉替换。

◎ 做法 ZUOFA

1. 140 克牛奶、30 克糖、2 克耐高糖酵母放入面包机内桶，再加入 170 克高筋面粉、25 克低筋面粉、5 克抹茶粉、2 克盐。

2. 放入面包机，启动和面程序，和面 15 分钟后加入 20 克无盐黄油，再和 15 分钟就好了。

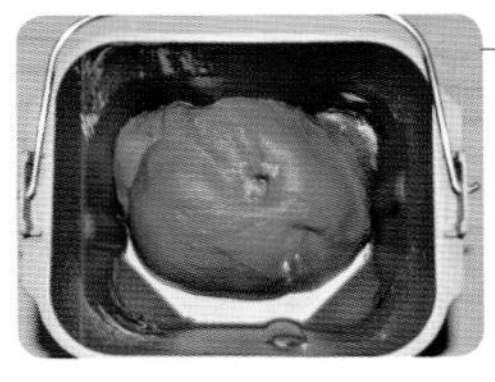

3. 盖好，放温暖的地方发酵 60～90 分钟，发酵好的面团用手指插洞，洞口不回缩、不塌陷。

4. 案板上撒面粉，把面团放在案板上分成 12 份。

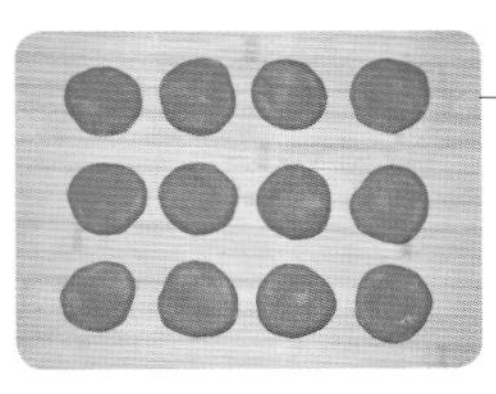

5. 分别揉圆按扁擀开。

6. 放到直径 5 厘米的纸杯底部。

7. 盖好，发酵至明显变高约 1 倍，此时用 180 摄氏度预热烤箱。

8. 将 3 个鸡蛋蛋清蛋黄分开，蛋清盆中一定无油无水。

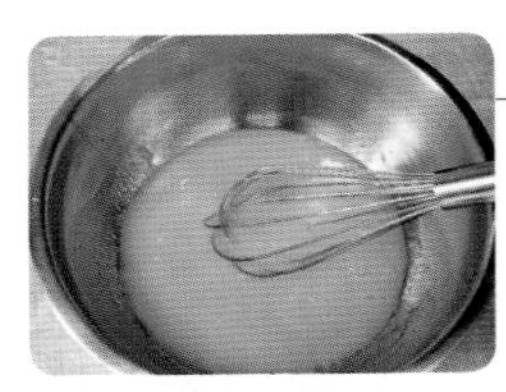

9. 蛋黄盆中加入 20 克玉米油搅匀。

10. 再加入 40 克牛奶搅匀。

11. 筛入 50 克低筋面粉。

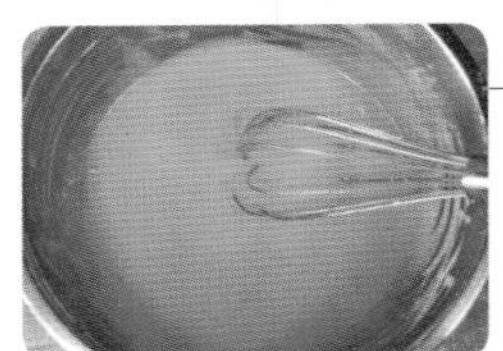

12. 搅拌均匀备用。

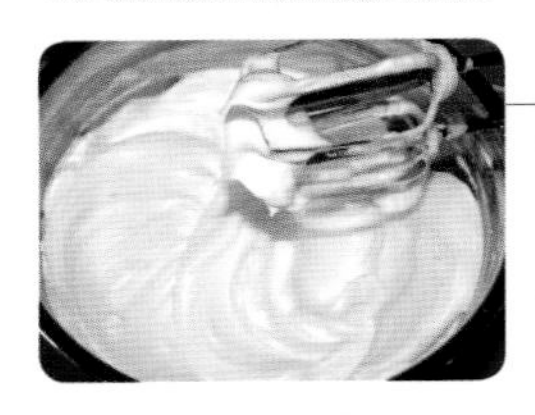

13. 蛋清盆中加入 20 克糖打发至提起打蛋器，有短而尖挺的小角。

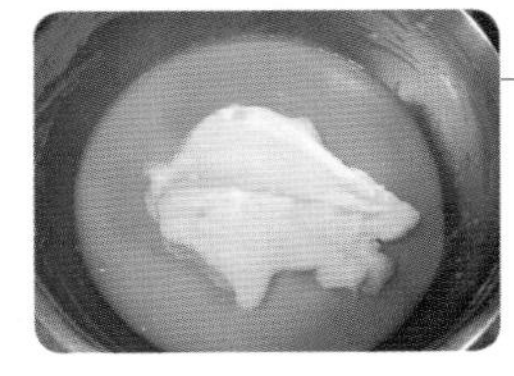

14. 挖一大勺蛋清到蛋黄盆中。

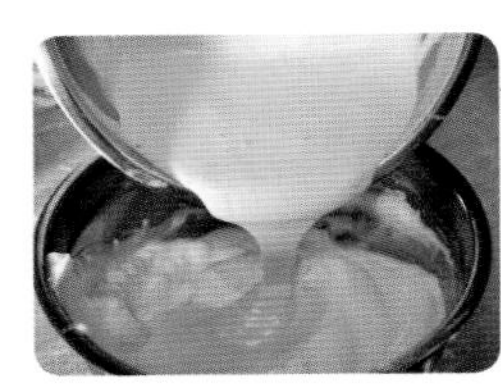

15. 翻拌均匀后倒入蛋清盆。

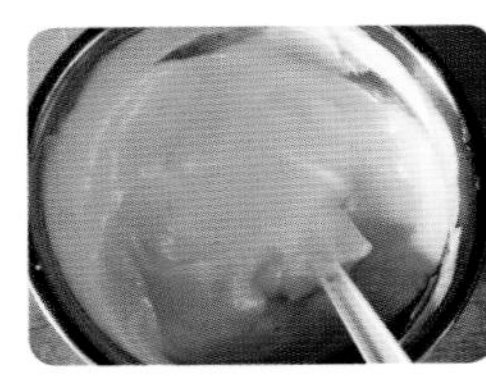

16. 翻拌均匀。

17. 在纸杯面包上放几颗洗干净的葡萄干。

18. 把蛋糕面糊装入裱花袋，挤入纸杯。

19. 送入预热好的烤箱，中下层，上下火 180 摄氏度烘烤 40 分钟，上色后及时加盖锡纸。

SUPINAIXIANGPUTAOMIANBAO

酥皮奶香葡萄面包

这款面包在微博中一露脸，就被很多人追捧，我相信大家和我的感受一样，这是一款吃起来会让人幸福感爆棚的面包……

◎ 原料 YUANLIAO

主面团：
牛奶 210 克
糖 35 克
耐高糖酵母 3 克
高筋面粉 250 克
低筋面粉 50 克
盐 3 克
无盐黄油 20 克
黄油 35 克

奶酥馅：
无盐黄油 50 克
糖粉 20 克
全蛋液 20 克
奶粉 85 克
葡萄干 40 克

二狗妈妈碎碎念

1.酥皮的硬度和黄油的硬度相同，才容易擀开。
2. 酥皮一定把边切掉才好看。
3. 葡萄干可以用蔓越莓干替换。
4. 二次发酵最好用室温发酵，如果用烤箱发酵功能，酥皮里面的黄油容易熔化。

◎ 做法 ZUOFA

1. 我们先来做奶酥馅：50 克黄油软化后加入 20 克糖粉搅匀，再分 3 次加入 20 克全蛋液搅匀，加入 85 克奶粉和 40 克葡萄干。

2. 全部搅匀后放入冰箱冷藏备用。

3. 210 克牛奶倒入面包机内桶，加入 35 克糖、3 克耐高糖酵母、250 克高筋面粉、50 克低筋面粉、3 克盐。

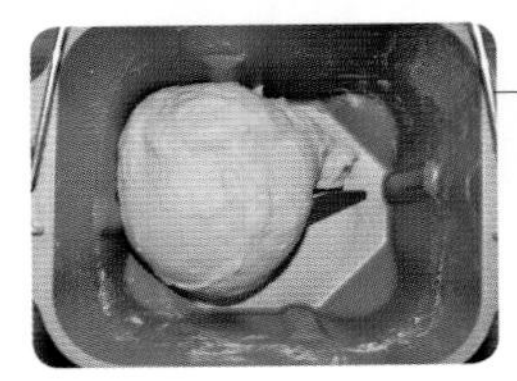

4. 面包机启动和面程序，和面 15 分钟后加入 20 克无盐黄油，再和 15 分钟就好了。

5. 把面团放案板上切下来 1/3。

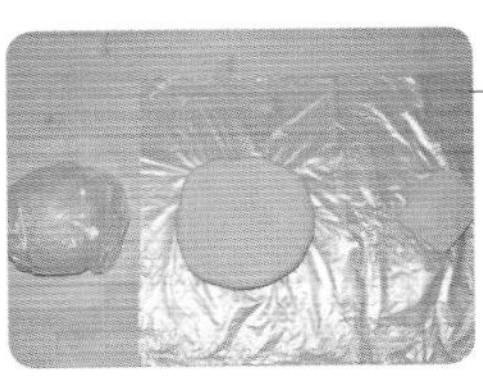

6. 大面团用保鲜袋包好备用，小面团擀开后入冰箱冷冻30 分钟，此时准备好一块 35 克的黄油，放室温回温。

7. 把冷冻好的面团擀开，把黄油放在中间。

8. 提起四角，包住黄油，捏紧收口。

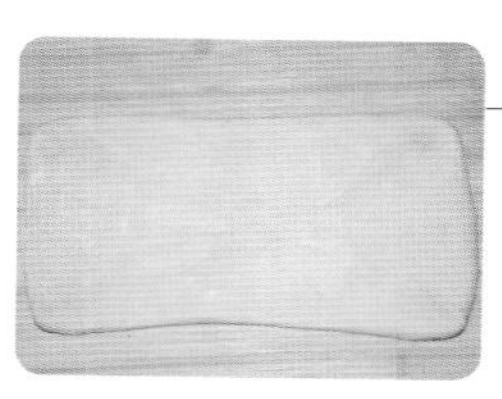

9. 将包好的面团擀长。

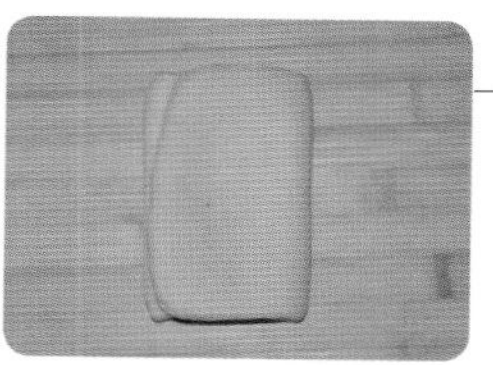

10. 折 3 折。

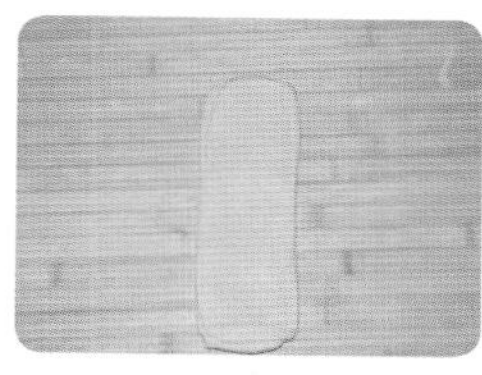

11. 再擀长。

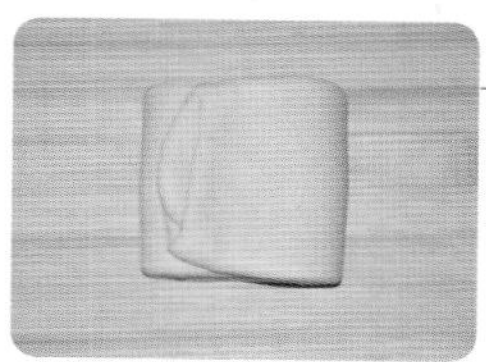

12. 再 3 折后包好放入冰箱冷藏松弛约 20 分钟。

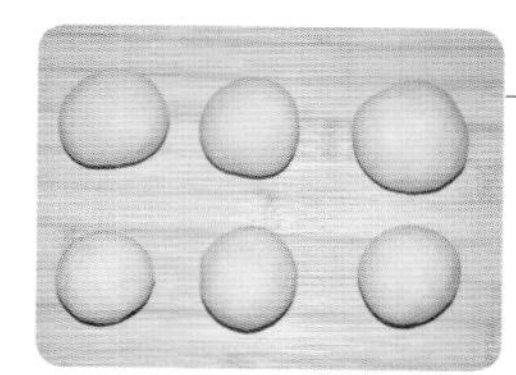

13. 案板上撒面粉，把之前预留的大面团放案板上平均分成 6 份，揉圆盖好静置 15 分钟。

14. 这时候把冷藏好的奶酥馅分成 6 份备用。

15. 把 6 块面团分别擀开后，放入奶酥馅。

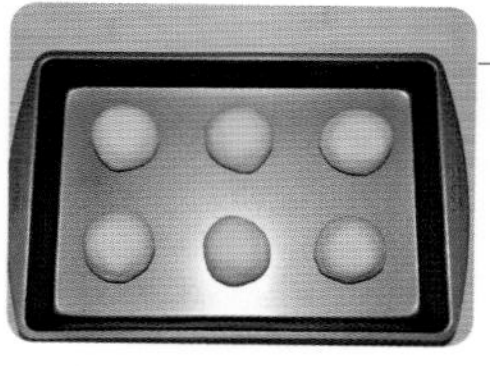

16. 包好，捏紧收口，收口朝下，码放在不粘烤盘上。

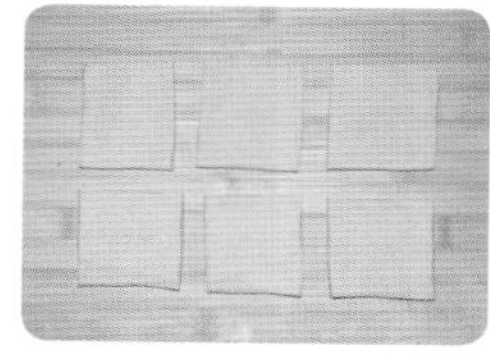

17. 此时，把冰箱松弛的酥皮面团取出，擀开，切掉 4 边，分成 6 个正方形面片。

18. 把酥皮面片盖在面包上。

19. 盖好，发酵至明显变胖约 1 倍（建议室温发酵）。

20. 送入预热好的烤箱，中下层，上下火 190 摄氏度烘烤 25 分钟，上色后及时加盖锡纸。

DOUJIANGXIANGCHANGBAO

豆浆香肠包

每一口都能吃到肉，这是
怎样的一种满足感……

◎ 原料 YUANLIAO

豆浆 150 克
糖 20 克
耐高糖酵母 2 克
高筋面粉 170 克
低筋面粉 30 克
盐 2 克
无盐黄油 20 克

配料：
香肠 6 根

二狗妈妈碎碎念

1. 豆浆和豆渣的稠度不一样，您要根据实际情况调整面粉用量。
2. 香肠选您喜欢的口味，面团擀的长度要根据香肠的长度作调整。
3. 没有面包纸托，可以把面包直接放在烤盘上。

◎ 做法 ZUOFA

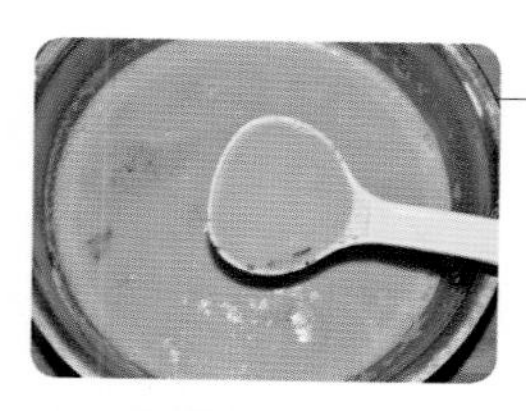

1. 豆浆和豆渣的稠度如图所示，比牛奶稍稠一点儿。

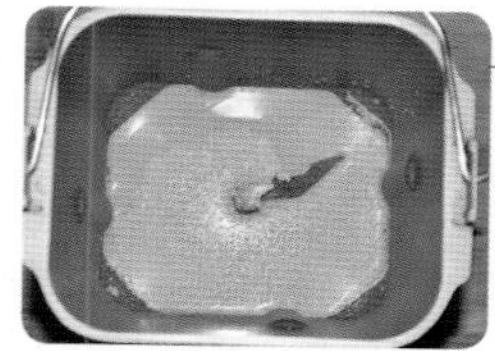

2. 150 克豆浆倒入面包机内桶，加入 20 克糖、2 克耐高糖酵母。

3. 再加入 170 克高筋面粉、30 克低筋面粉、2 克盐。

4. 面包机启动和面程序，和面 15 分钟后加入 20 克无盐黄油，再和 15 分钟就好了。

5. 盖好，放温暖的地方发酵 60～90 分钟，发酵好的面团用手指插洞，洞口不回缩、不塌陷。

6. 案板上撒面粉，把面团放案板上分成 6 份，揉圆，盖好，静置 15 分钟。

7. 取一块面团擀开，放一根香肠，卷起来，捏紧收口。

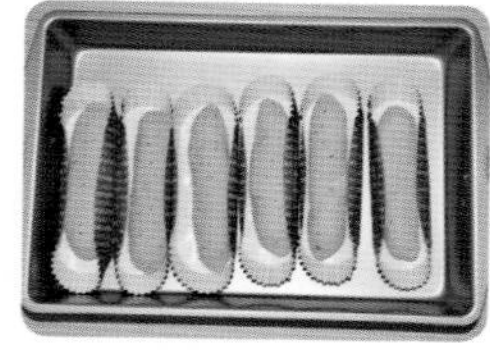

8. 收口朝下，码放在长形面包纸托上（没有纸托，可直接码放在不粘烤盘上）。

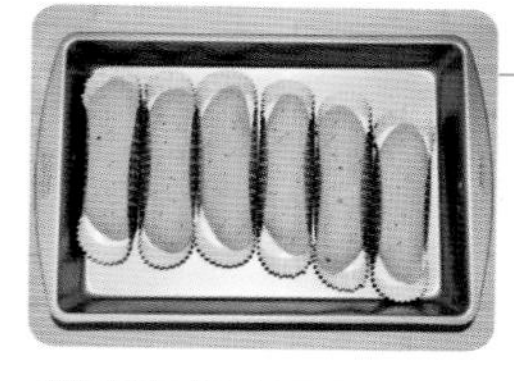

9. 盖好，发酵至明显变胖约 1 倍。

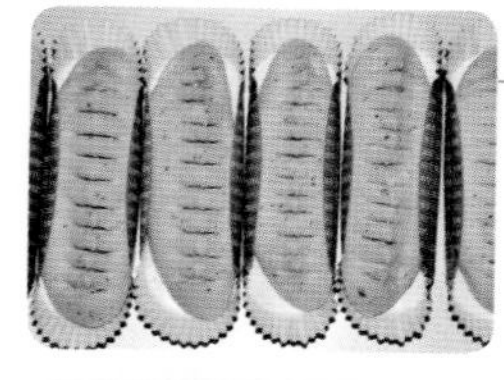

10. 表面用剪刀剪出小口。

11. 送入预热好的烤箱，中下层，上下火 190 摄氏度烘烤 20 分钟，上色后及时加盖锡纸。

CHANGZAIBAO

肠仔包

胖乎乎的小面包，一早就来萌翻你的眼，吃一个小面包，搭配一杯牛奶，立刻能量满满……

◎ 原料 YUANLIAO

牛奶 140 克
糖 30 克
耐高糖酵母 2 克
高筋面粉 180 克
低筋面粉 20 克
盐 2 克
无盐黄油 20 克

配料：
小香肠 6 根
沙拉酱少许
欧芹碎少许
全蛋液适量

二狗妈妈碎碎念

1. 香肠的长度约 6 厘米，太长的香肠就要稍微剪短一些再用。
2. 沙拉酱可以装进裱花袋里，剪小口后再挤会比较漂亮。
3. 没有欧芹碎可以不放，也可以用新鲜香葱碎代替哟。

◎ 做法 ZUOFA

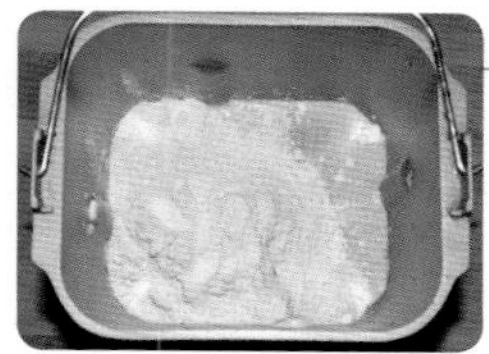

1. 140 克牛奶倒入面包机内桶，加入 30 克糖、2 克耐高糖酵母、180 克高筋面粉、20 克低筋面粉、2 克盐。

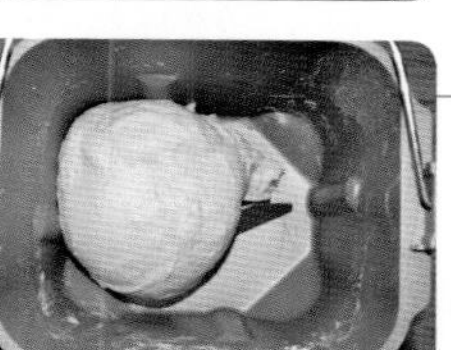

2. 面包机启动和面程序，和面 15 分钟后加入 20 克无盐黄油，再和 15 分钟就好了。

3. 盖好，放温暖的地方发酵 60～90 分钟，发酵好的面团用手指插洞，洞口不回缩、不塌陷。

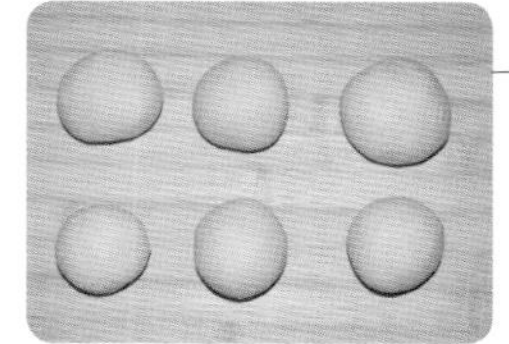

4. 案板上撒面粉，把面团放案板上平均分成 6 份，揉圆盖好静置 15 分钟。

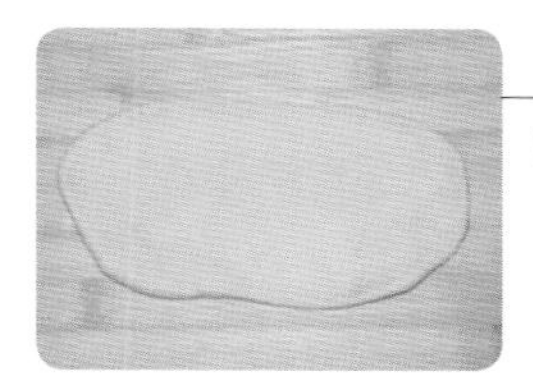

5. 取一块面团擀开。

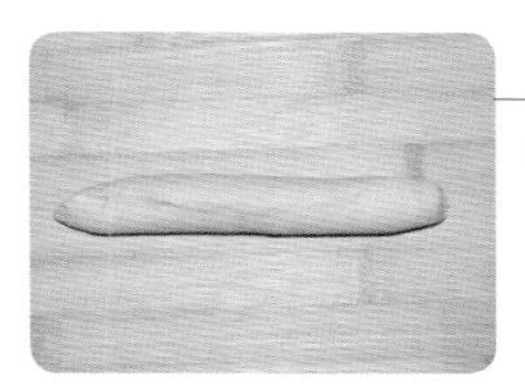

6. 卷起来，捏紧收口。

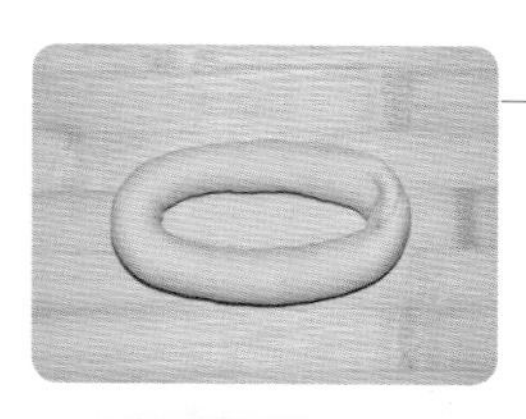

7. 搓长后，首尾捏紧，形成一个圆圈。

8. 把圆圈整理成椭圆形，码放在不粘烤盘上。

9. 盖好，发酵至明显变胖约 1 倍。

10. 把小香肠放在圆圈中间，稍按。

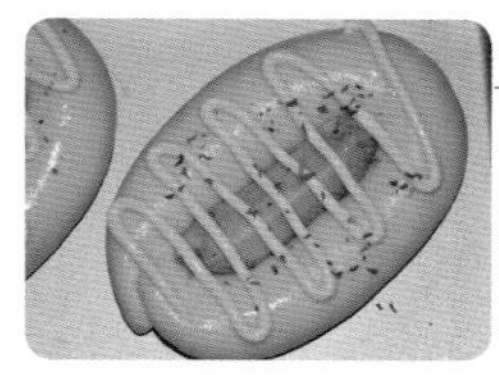

11. 表面刷全蛋液，挤沙拉酱，撒欧芹碎（或者干葱碎）。

12. 送入预热好的烤箱，中下层，上下火 180 摄氏度烘烤 20 分钟，上色后及时加盖锡纸。

ROUSONGXIAOMIANBAO

肉松小面包（汤种法）

喜欢这种咸甜口感的面包，有肉松有能量，吃一个，冬天都不怕寒冷了呢！

◎ 原料 YUANLIAO

汤种：
水 200 克
高筋面粉 40 克
低筋面粉 60 克
盐 4 克
无盐黄油 20 克

主面团：
水 50 克
鸡蛋 1 个
糖 40 克
耐高糖酵母 4 克
高筋面粉 300 克

配料：
沙拉酱适量
肉松适量
白芝麻少许
全蛋液适量

◎ 做法 ZUOFA

1. 200 克水加 40 克高筋面粉放入小锅，小火边加热边搅拌，一直到有纹路浓稠状态就关火，凉透后盖好放入冰箱冷藏 8 小时。

2. 冷藏后的汤种全部放入面包机内桶，再加入 50 克水、1 个鸡蛋、40 克糖、4 克耐高糖酵母。

3. 再加入 300 克高筋面粉，60 克低筋面粉，4 克盐。

4. 面包机启动和面程序，和面 15 分钟后加入 20 克无盐黄油，再和 15 分钟就好了。

5. 盖好，放温暖的地方发酵 60～90 分钟，发酵好的面团用手指插洞，洞口不回缩、不塌陷。

6. 案板上撒面粉，把面团放案板上分成 8 份，揉圆、盖好，静置 15 分钟。

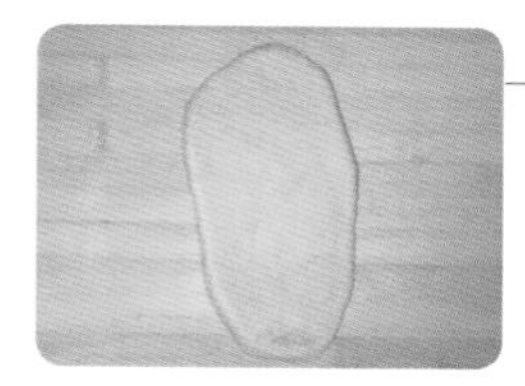

7. 取一块面团擀开。

8. 铺一层肉松，挤少许沙拉酱。

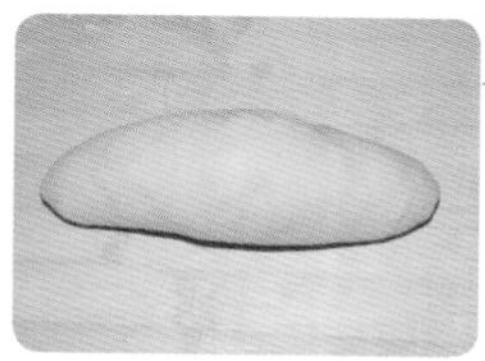

9. 卷起来，捏紧收口。

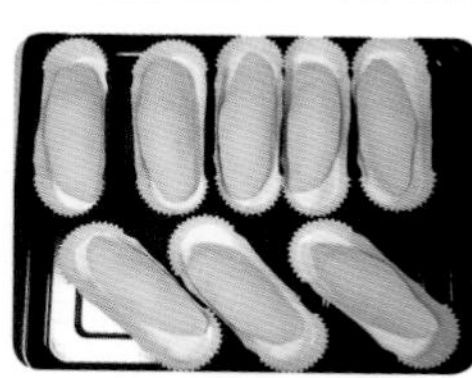

10. 码放在纸托上。

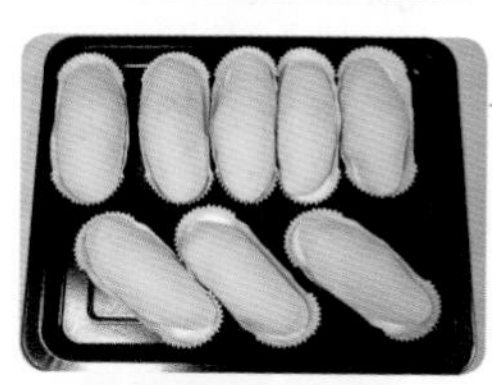

11. 盖好，发酵至明显变胖约 1 倍。

12. 刷全蛋液，撒白芝麻后，送入预热好的烤箱，中下层，上下火 180 摄氏度烘烤 25 分钟，上色后及时加盖锡纸。

二狗妈妈碎碎念

1. 煮汤种时候一定要小火，看到面糊有纹路就可以关火喽，凉透后冰箱冷藏，不超过 48 小时都可以用哟。
2. 没有面包纸托没关系，直接把面包码放在不粘烤盘上就可以啦。

YUMISHALAMIANBAO

玉米沙拉面包

◎ 原料 YUANLIAO

牛奶 200 克
鸡蛋 1 个
糖 50 克
橄榄油 20 克
耐高糖酵母 4 克
高筋面粉 290 克
低筋面粉 100 克
盐 4 克
无盐黄油 20 克

配料：
熟玉米粒适量
马苏里拉奶酪碎适量
沙拉酱适量
全蛋液适量

金灿灿的颜色好看极了，玉米的香甜混合奶酪的浓香，又是一款吃起来很满足的面包！

◎ 做法 ZUOFA

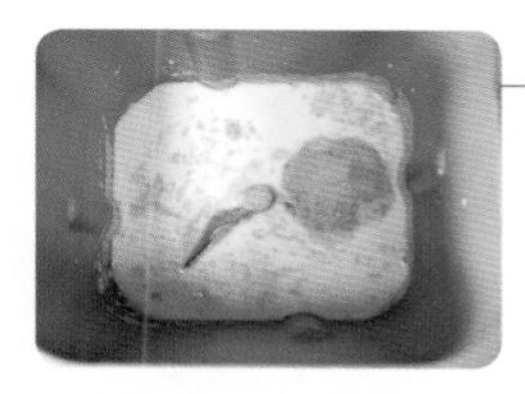

1. 将 200 克牛奶、1 个鸡蛋、50 克糖、20 克橄榄油、4 克耐高糖酵母放入面包机内桶。

2. 再加入 290 克高筋面粉、100 克低筋面粉、4 克盐。

3. 面包机启动和面程序，和面 15 分钟后加入 20 克无盐黄油，再和 15 分钟就好了。

4. 盖好，放温暖的地方发酵 60～90 分钟，发酵好的面团用手指插洞，洞口不回缩、不塌陷。

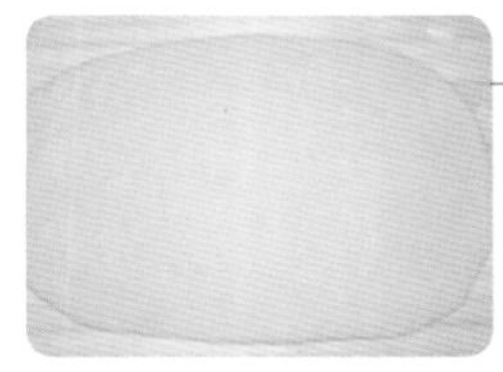

5. 案板上撒面粉，把面团直接放案板上擀成长方形。

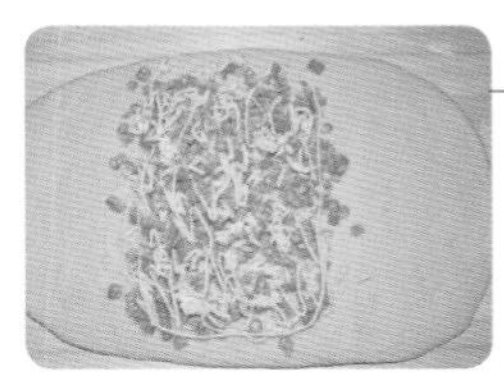

6. 在中间区域放上煮熟凉透的甜玉米粒，均匀地撒些马苏里拉奶酪碎，挤一层沙拉酱。

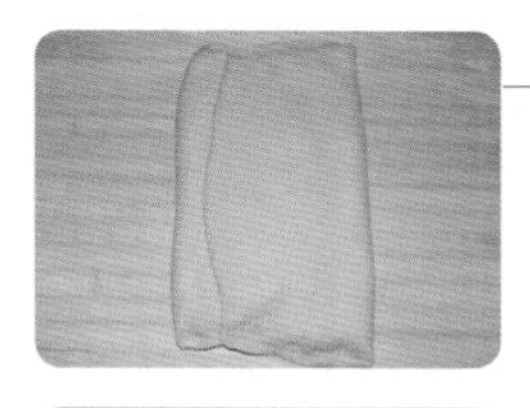

7. 左右两边面片往中间折，捏紧两端收口，放入冰箱冷冻30分钟。

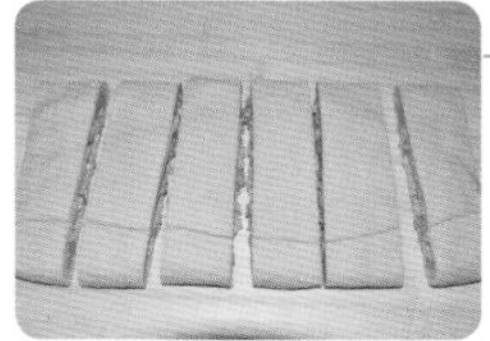

8. 从冰箱取出后，把面片横过来，切成 4 厘米宽的长条。

9. 在每个长条中间切一刀（注意两端不切断），然后向两边拉成四边形，放入面包托内。

10. 全部做好放入烤盘。

11. 盖好发酵至明显变胖约 1 倍，薄薄刷一层全蛋液，在表面挤满沙拉酱。

12. 送入预热好的烤箱，中下层，上下火，180 摄氏度烘烤 30 分钟，上色后及时加盖锡纸。

二狗妈妈碎碎念

1. 玉米粒最好选用甜玉米，煮熟凉透再用哟。
2. 马苏里拉奶酪碎的添加量根据您的喜欢，可多可少，但不可以不放哟。
3. 沙拉酱可以装进裱花袋里，剪小口后再挤会比较漂亮。
4. 没有面包纸托没关系，把面包直接放烤盘上就可以啦。

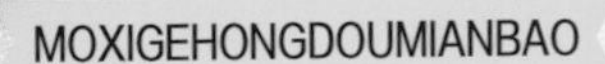

墨西哥红豆面包

原料

牛奶 140 克
糖 30 克
耐高糖酵母 2 克
高筋面粉 180 克
低筋面粉 20 克
盐 2 克
无盐黄油 20 克

墨西哥面糊：
无盐黄油 40 克
糖粉 30 克
全蛋液 30 克
低筋面粉 25 克

配料：
红豆馅约 300 克

柔软香甜，做起来并不复杂，难道不动心吗？快动手做几个给家人尝尝吧……

◎ 做法 ZUOFA

1. 将 140 克牛奶倒入面包机内桶，加入 30 克糖、2 克耐高糖酵母、180 克高筋面粉、20 克低筋面粉、2 克盐。

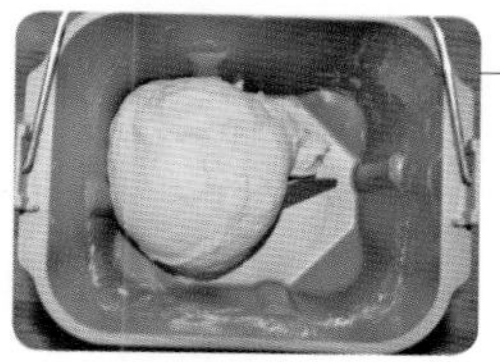

2. 面包机启动和面程序，和面 15 分钟后加入 20 克无盐黄油，再和 15 分钟就好了。

3. 盖好，放温暖的地方发酵 60～90 分钟，发酵好的面团用手指插洞，洞口不回缩、不塌陷。

4. 发酵面团的时间，我们来做墨西哥面糊：40 克无盐黄油软化，加 30 克糖粉搅匀。

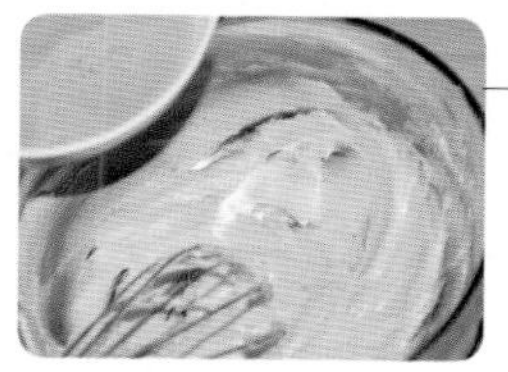

5. 30 克全蛋液分 4 次倒入黄油中，每倒一次都要搅匀再加下一次。

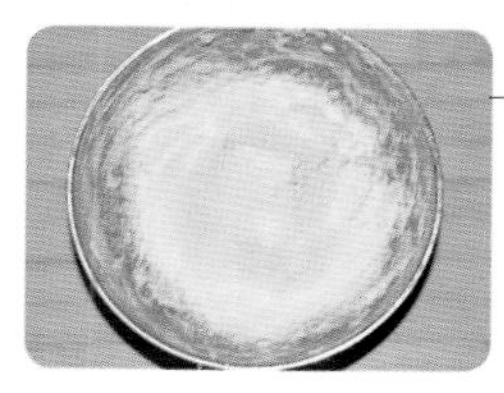

6. 再加入 25 克低筋面粉到黄油糊中。

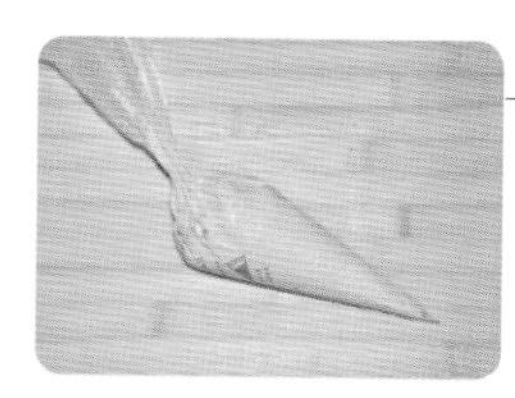

7. 拌匀后将面糊装入裱花袋备用。

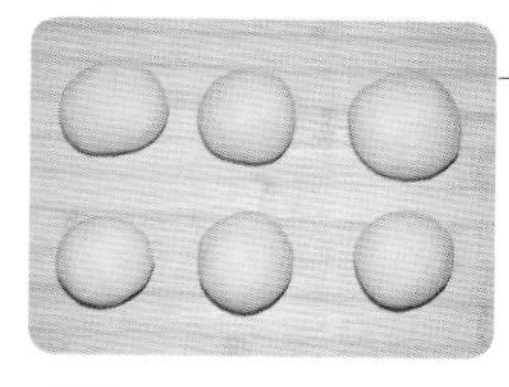

8. 案板上撒面粉，把面团放案板上平均分成 6 份，揉圆盖好静置 15 分钟。

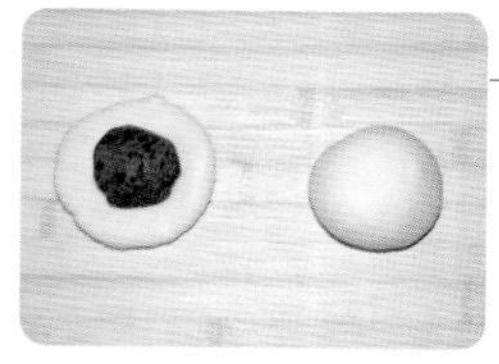

9. 取一块面团擀开，放入一份红豆馅，包起来，捏紧收口，收口朝下。

10. 全部包好码放在不粘烤盘上。

11. 盖好，发酵至明显变胖约 1 倍，把墨西哥面糊挤在面包上半部分。

12. 送入预热好的烤箱，中下层，上下火 190 摄氏度烘烤 25 分钟，上色后及时加盖锡纸。

二狗妈妈碎碎念

1. 墨西哥面糊中的全蛋液要分次加入黄油中，每加一次都要搅匀再加下一次。
2. 墨西哥面糊挤在面包上时，盖住面团的一半就可以啦。
3. 如果不喜欢红豆馅，可以换成您喜欢的馅料。
4. 把 300 克红豆馅分成 6 份，每份 50 克。

NANGUAZISHUMIANBAO

南瓜紫薯面包

这是面包还是南瓜？明明是南瓜嘛……可是为啥还有馅？

◎ 原料 YUANLIAO

南瓜泥 130 克
淡奶油 150 克
糖 30 克
耐高糖酵母 3 克
高筋面粉 250 克
全麦面粉 50 克
盐 3 克

紫薯馅：
熟紫薯 280 克
淡奶油 20 克
蜂蜜 20 克

配料：
棉线 8 根

二狗妈妈碎碎念

1. 南瓜泥含水量不同，您要根据实际情况调整面粉用量哟。
2. 如果您不爱吃蜂蜜，可将紫薯蒸好趁热加入糖搅匀，凉透后再放淡奶油。
3. 如果您不喜欢吃紫薯馅，可以换您喜欢的任何馅料。
4. 棉线在使用前要用开水煮 1 分钟消毒。

◎ 做法 ZUOFA

1. 130 克蒸熟凉透的南瓜泥放入面包机内桶，加入 150 克淡奶油、30 克糖、3 克耐高糖酵母、250 克高筋面粉、50 克全麦面粉、3 克盐。

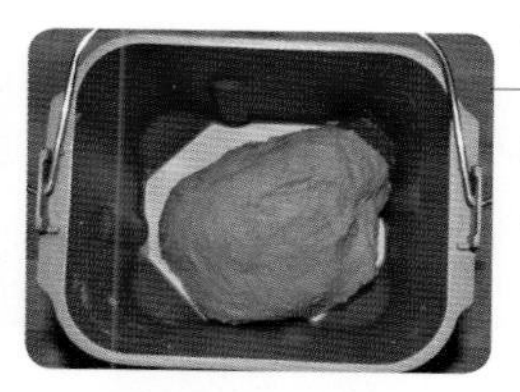

2. 面包机启动和面程序，和面 30 分钟就好了。

3. 盖好，放温暖的地方发酵 60～90 分钟，发酵好的面团用手指插洞，洞口不回缩、不塌陷。

4. 案板上撒面粉，把面团放案板上按扁。平均分成 8 份，揉圆盖好静置 15 分钟。

5. 280 克蒸熟凉透的紫薯压碎，加入 20 克淡奶油、20 克蜂蜜抓匀。

6. 将紫薯泥平均分成 8 份备用。

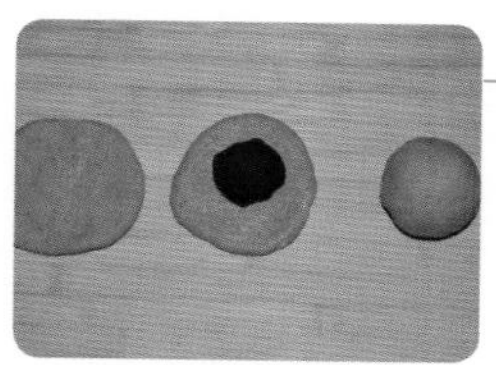

7. 把南瓜面团擀开，放入紫薯馅，包好，捏紧收口。

8. 用一根棉钱在南瓜包上打个“米”字形。

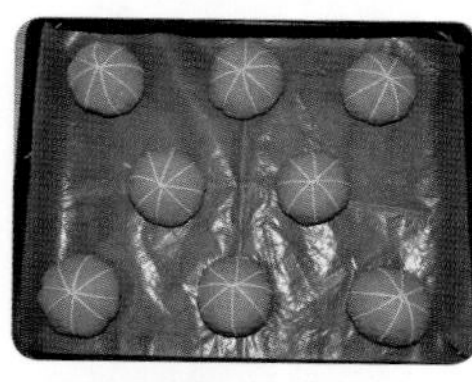

9. 全部做好，码放在烤盘上。

10. 盖好，发酵至明显变胖约 1 倍。

11. 送入预热好的烤箱，中下层，上下火 180 摄氏度烘烤 25 分钟，上色后及时加盖锡纸。

RISHILIANRUSHOUSIMIANBAO

日式炼乳手撕面包

炼乳的加入，使得整个面包柔软极了，一片一片地撕下来，这种感觉真是棒极了……

◎ 原料 YUANLIAO

牛奶 165 克
炼乳 30 克
糖 20 克
耐高糖酵母 3 克
高筋面粉 260 克
盐 3 克
无盐黄油 20 克

炼乳酱：
无盐黄油 25 克
炼乳 25 克

配料：
蓝莓干少许
糖粉少许

◎ 做法 ZUOFA

1. 将 165 克牛奶倒入面包机内桶，加 30 克炼乳、20 克糖、3 克耐高糖酵母，再加入 260 克高筋面粉、3 克盐。

2. 面包机启动和面程序，和面 15 分钟后加入 20 克无盐黄油，再和 15 分钟就好了。

3. 盖好，放温暖的地方发酵 60～90 分钟，发酵好的面团用手指插洞，洞口不回缩、不塌陷。

4. 25 克软化好的无盐黄油加 25 克炼乳拌匀备用。

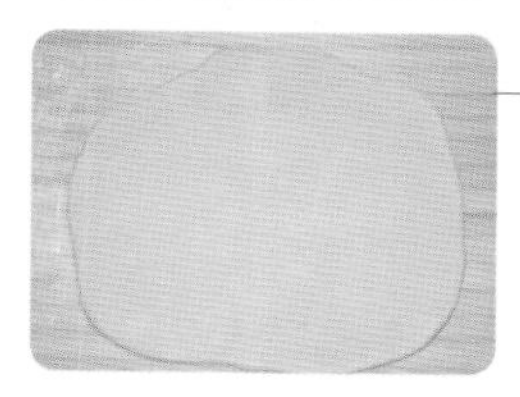

5. 案板上撒面粉，把面团放案板上按扁，擀成大薄片。

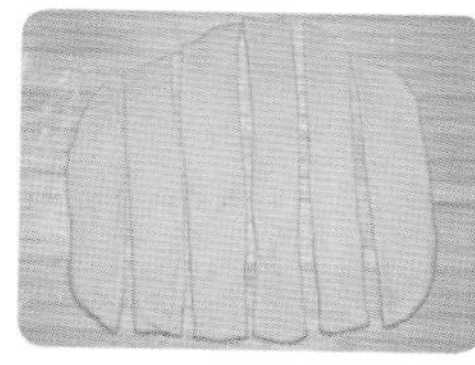

6. 切成宽约 3 厘米的面片。

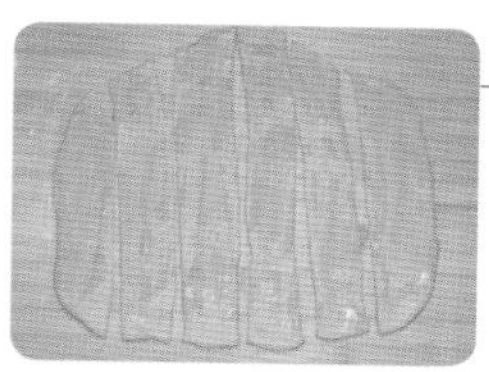

7. 在面片上面抹上一层炼乳酱。

8. 把面片叠放起来。

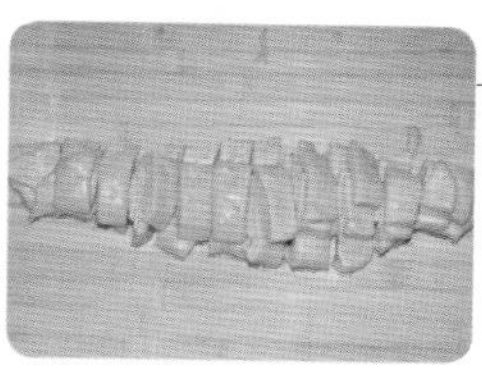

9. 切成若干小段。

10. 把小面片切面朝上码放在 8 寸不粘模具中（先码放外圈，再码放中间）。

11. 盖好，发酵至明显变胖约 1 倍，在表面装饰一些蓝莓干。

12. 送入预热好的烤箱，中下层，上下火 190 摄氏度烘烤 35 分钟，上色后及时加盖锡纸，出炉放凉后筛糖粉装饰表面。

二狗妈妈碎碎念

1. 炼乳可以用等量蜂蜜替换。
2. 没有蓝莓干可以不放。

HEIZHIMAROUSONGMIANBAO

黑芝麻肉松面包（波兰种）

◎ **原料** YUANLIAO

波兰种：
水 100 克
耐高糖酵母 1 克
高筋面粉 100 克
糖 40 克
高筋面粉 200 克
黑芝麻粉 50 克
盐 3 克

主面团：
淡奶油 100 克
鸡蛋 1 个
耐高糖酵母 3 克

配料：
无盐黄油约 10 克
肉松适量

黑芝麻和肉松的搭配会好吃吗？您可以做一个尝尝嘛，很香哟……

◎ 做法 ZUOFA

1. 100 克水、1 克耐高糖酵母、100 克高筋面粉搅匀。

2. 发酵至表面全部是蜂窝状（室温约 3 小时）。

3. 把所有波兰种放入面包机内桶，加 100 克淡奶油、1 个鸡蛋、3 克耐高糖酵母、40 克糖、200 克高筋面粉、50 克黑芝麻粉、3 克盐。

4. 面包机启动和面程序，和面 30 分钟就好了。

5. 案板上撒面粉，把揉好的面团直接放案板上擀开。

6. 刷熔化的黄油，撒一层肉松。

7. 卷起来，捏紧收口。

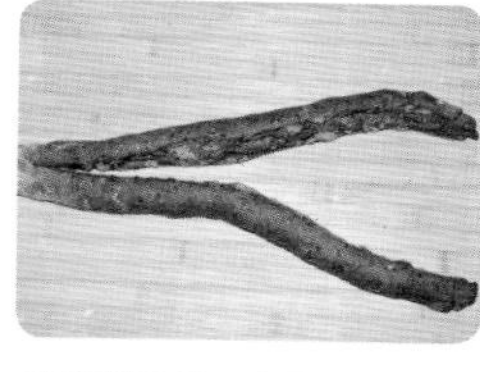

8. 从中间切开一刀，注意顶端不切断。

9. 扭起来。

10. 盘好放入 8 寸圆形模具中。

11. 盖好，发酵至明显变胖约 1 倍。

12. 送入预热好的烤箱，中下层，上下火 190 摄氏度烘烤 45 分钟，上色后及时加盖锡纸。

二狗妈妈碎碎念

1. 波兰种可以室温发酵 1 小时后转入冰箱冷藏 17 小时左右，效果更好哟。
2. 蛋糕模具如果不是不粘的，那需要提前刷油哟。

ROUGUIPINGGUOBEIZIMIANBAO
肉桂苹果
杯子面包
这款小面包携带非常方便，
出去游玩的时候带几个，既
好吃又抗饿……

◎ 原料 YUANLIAO

牛奶 140 克
糖 30 克
耐高糖酵母 2 克
高筋面粉 180 克
低筋面粉 20 克
盐 2 克
无盐黄油 20 克

苹果馅：
苹果 300 克
糖 20 克
无盐黄油 25 克
玉米淀粉 5 克
蔓越莓干 30 克
肉桂粉 2 克

◎ 做法 ZUOFA

1. 300 克苹果丁放入小锅，加入 20 克糖、25 克无盐黄油。

2. 煮至颜色金黄。

3. 加入 5 克玉米淀粉、30 克蔓越莓干、2 克肉桂粉搅匀，放凉备用。

4. 140 克牛奶、30 克糖、2 克耐高糖酵母放入面包机内桶，加入 180 克高筋面粉、20 克低筋面粉、2 克盐。

5. 面包机启动和面程序，和面 15 分钟后加入 20 克无盐黄油，再和 15 分钟就好了。

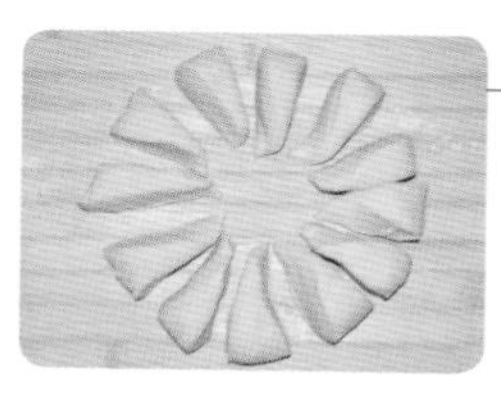

6. 案板上撒面粉，把刚揉好的面团放到案板上分成 12 份。

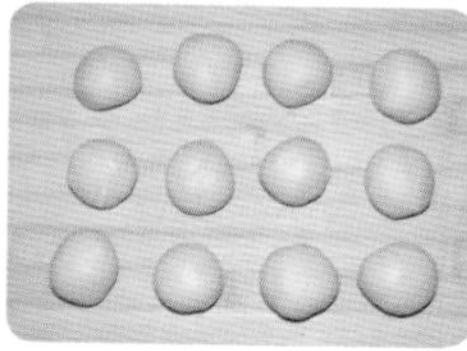

7. 分别揉圆，盖好静置 15 分钟。

8. 取一块面团擀开，包入苹果馅，捏紧收口，收口朝下放入纸杯（纸杯直径 6 厘米，高 4 厘米）。

9. 依次做好所有的面包。

10. 盖好，发酵至明显变胖约 1 倍。

11. 送入预热好的烤箱，中下层，上下火 190 摄氏度烘烤 20 分钟，上色后及时加盖锡纸，出炉稍凉，筛糖粉装饰。

二狗妈妈碎碎念

1. 苹果要切小丁，块不要太大。
2. 肉桂粉不可省略，必须加哟。
3. 纸杯尺寸不一定要和我的一样，如果没有纸杯，直接把面包码放在不粘烤盘上就可以啦。

XIANGCHANGSHOUSIMIANBAO

香肠手撕面包（波兰种）

香葱和香肠，加上浓郁的奶酪粉，大块大块地撕起来吧……

◎ 原料 YUANLIAO

波兰种：
水 100 克
耐高糖酵母 1 克
高筋面粉 100 克

主面团：
淡奶油 100 克
鸡蛋 1 个
耐高糖酵母 3 克
糖 40 克
高筋面粉 200 克
低筋面粉 50 克
盐 3 克

配料：
香葱碎 50 克
香肠碎 100 克
奶酪粉适量
欧芹碎适量
马苏里拉奶酪碎适量
无盐黄油适量

◎ 做法 ZUOFA

1. 100 克水、1 克耐高糖酵母、100 克高筋面粉搅匀。

2. 发酵至表面全部呈蜂窝状（室温约 3 小时）。

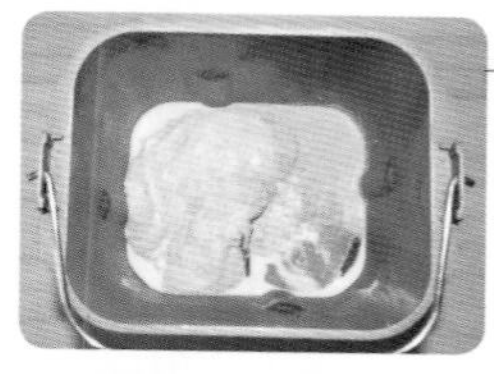

3. 把所有波兰种放入面包机内桶，加 100 克淡奶油、1 个鸡蛋、3 克耐高糖酵母、40 克糖。

4. 再加入 200 克高筋面粉、50 克低筋面粉、3 克盐。

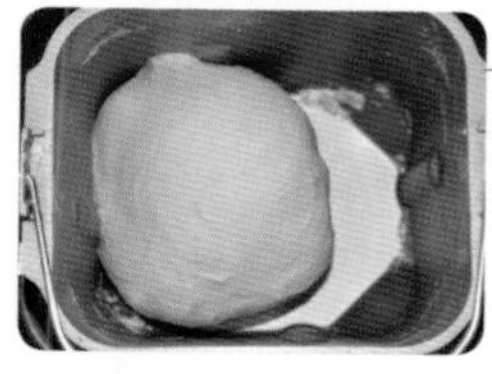

5. 面包机启动和面程序，和面 30 分钟就好了。

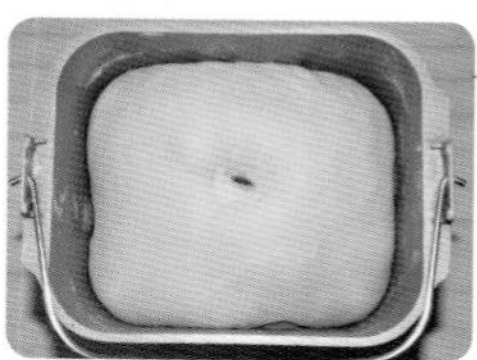

6. 盖好，放温暖的地方发酵 60～90 分钟，发酵好的面团用手指插洞，洞口不回缩、不塌陷。

7. 准备好 50 克香葱碎、100 克香肠碎。

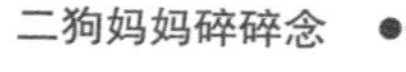

二狗妈妈碎碎念

1. 波兰种可以室温发酵 1 小时后转入冰箱冷藏 17 小时左右，效果更好哟。
2. 蛋糕模具如果不是不粘的，需要提前在模具上刷一层油哟。
3. 没有奶酪粉和欧芹碎可以省略，但口感会打折哟。
4. 香肠选自己喜欢的口味就可以了。

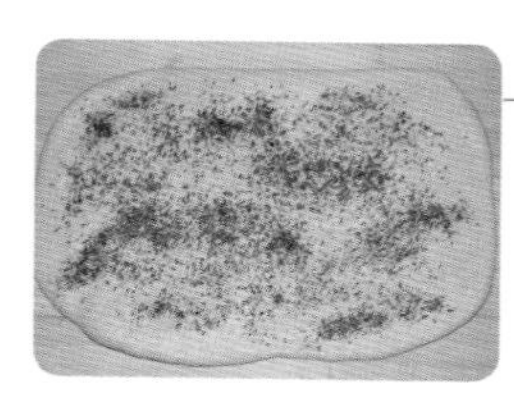

8. 案板上撒面粉，把面团放案板上擀开擀薄，刷黄油、撒奶酪粉、撒欧芹碎。

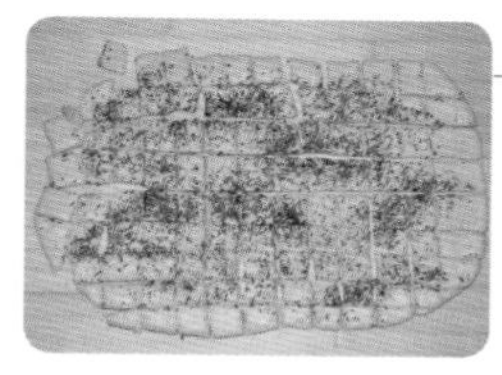

9. 切成小方块（大小可自行调节）。

10. 直径 20 厘米中空模抹黄油后摆一层面片，撒一层香葱碎和香肠碎。

11. 盖好发酵至明显变胖。

12. 表面撒一层马苏里拉奶酪碎，送入预热好的烤箱，中下层，上下火 190 摄氏度烘烤 45 分钟，上色后及时加盖锡纸。

ROUSONGMIANBAOJUAN

肉松面包卷

多漂亮的面包卷，口感也非常丰富，吃一口还想再吃一口……

◎ 原料 YUANLIAO

牛奶 210 克	配料：
糖 30 克	沙拉酱适量
耐高糖酵母 3 克	肉松适量
高筋面粉 250 克	白芝麻少许
低筋面粉 50 克	欧芹碎少许
盐 3 克	全蛋液适量
无盐黄油 20 克	

二狗妈妈碎碎念

1. 面包出炉后要趁热卷才好操作哟。
2. 卷好后一定要定型 30 分钟后再切开进行下一步。
3. 没有欧芹碎可以不放，也可以用新鲜香葱碎代替哟。

◎ 做法 ZUOFA

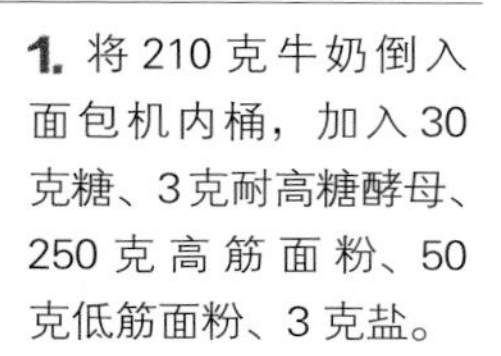

1. 将 210 克牛奶倒入面包机内桶，加入 30 克糖、3 克耐高糖酵母、250 克高筋面粉、50 克低筋面粉、3 克盐。

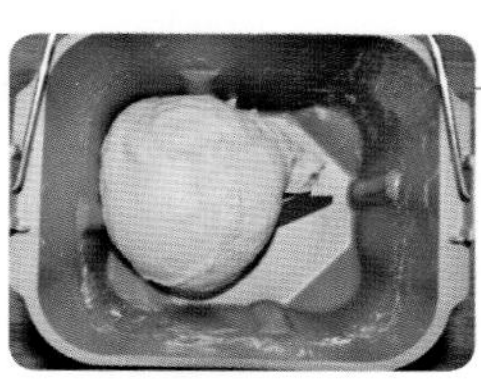

2. 放入面包机，启动和面程序，和面 15 分钟后加入 20 克无盐黄油，再和 15 分钟就好了。

3. 盖好，放温暖的地方发酵 60 ~ 90 分钟，发酵好的面团用手指插洞，洞口不回缩、不塌陷。

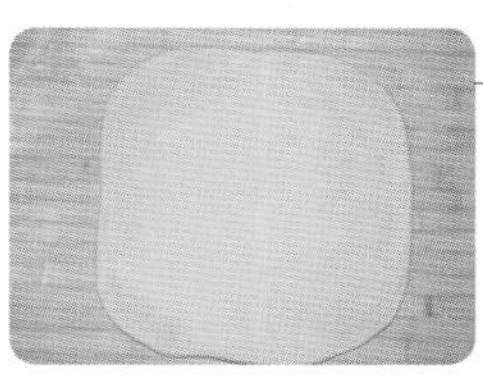

4. 案板上撒面粉，把面团放案板上稍擀，盖好醒 15 分钟后继续把面片擀开。

5. 把面片铺在 28 厘米 ×28 厘米的方形不粘烤盘中，再用擀面杖辅助，让面片尽量铺满整个烤盘。

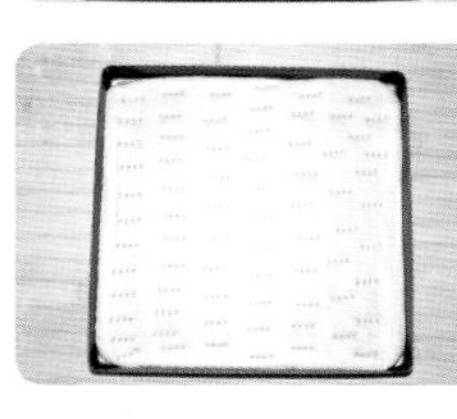

6. 盖好，静置约 30 分钟后，用叉子叉满小孔。

7. 刷全蛋液，撒白芝麻和欧芹碎（或者香葱碎）。

8. 送入预热好的烤箱，中下层，上下火 180 摄氏度烘烤 18 分钟。

9. 出炉立即取出面包片，凉约 10 分钟。

10. 正面朝下，在靠近自己这边轻划 3 刀（不要太深）。

11. 抹一层沙拉酱，铺肉松。

12. 卷起来，静置 30 分钟，定型后再切段食用，喜欢肉松更多一些，可以在两端抹沙拉酱后再粘肉松。

ROUSONGXIANGCHANGJITUIMIANBAO

肉松香肠鸡腿面包

鸡腿面包鸡腿呢？请给我一个合理的解释！哈哈，这是一款形似鸡腿的面包啦……是很多80后、90后小时候的回忆呢……

◎ 原料 YUANLIAO

牛奶150克
鸡蛋1个
糖40克
耐高糖酵母4克
高筋面粉300克
低筋面粉20克
奶粉30克
盐3克

配料：
香肠6根
肉松适量

◎ 做法 ZUOFA

1. 150克牛奶倒入面包机内桶，加入1个鸡蛋、40克糖、4克耐高糖酵母。

2. 加入300克高筋面粉、20克低筋面粉、30克奶粉、3克盐。

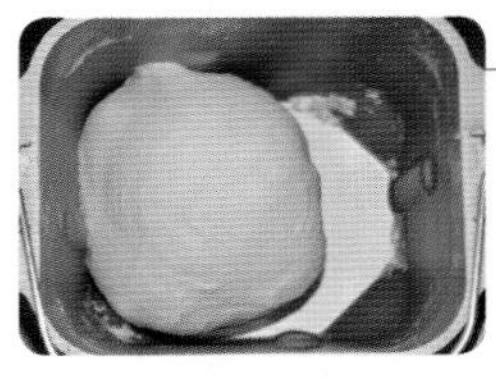

3. 放入面包机，启动和面程序，和面30分钟就好了。

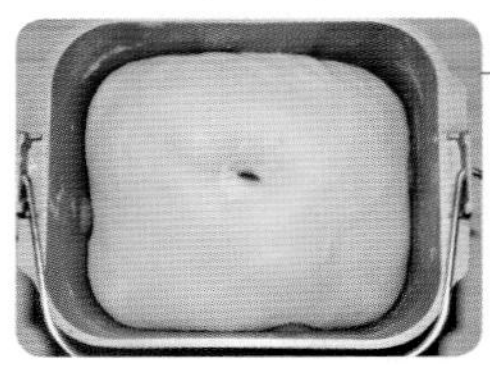

4. 盖好，放温暖的地方发酵60~90分钟，发酵好的面团用手指插洞，洞口不回缩、不塌陷。

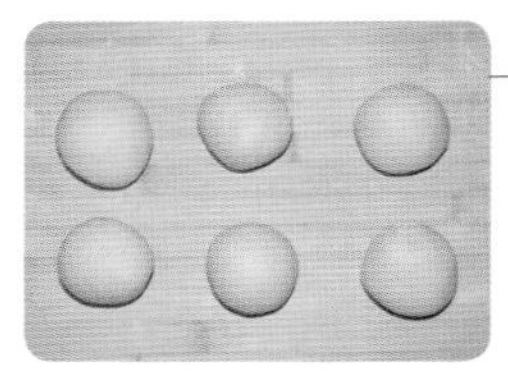

5. 案板上撒面粉，把面团放到案板上分成6份，揉圆盖好静置15分钟。

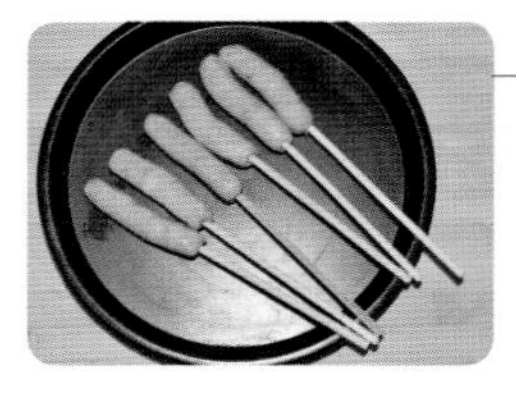

6. 面团静置的时间我们来用6根一次性筷子穿上6根香肠。

二狗妈妈碎碎念

1. 香肠您可以选用自己喜欢的口味，长度在7～8厘米比较合适。
2. 炸制的过程中，一定要勤翻动面包，火力要中小火，否则很容易炸得颜色太深哟。
3. 给小孩子吃的时候，把筷子拔下来，以免伤到孩子。

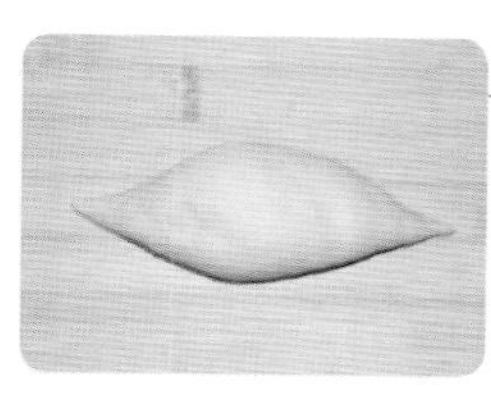

7. 取一块面团搓成大枣核形。

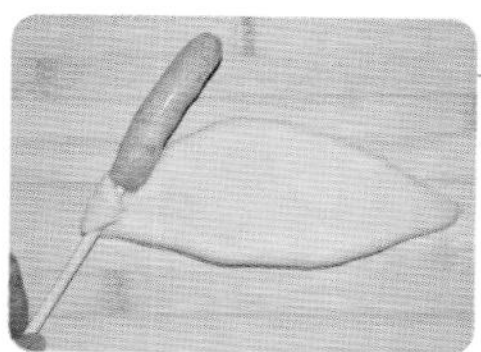

8. 把面团擀开后，左边小角向上折起，包住香肠下方的筷子。

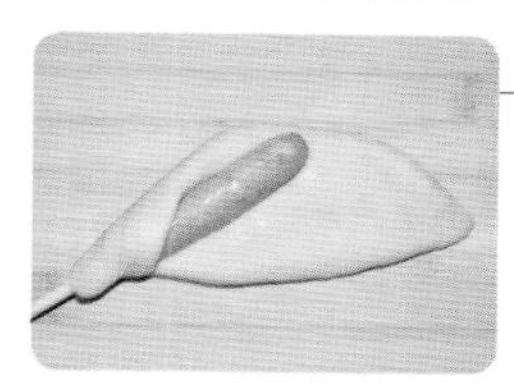

9. 把香肠向上旋转一周。

10. 放入肉松。

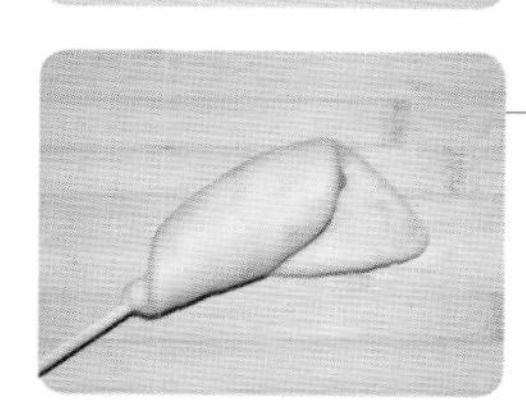

11. 右手按住肉松，左手再向上旋转一周。

12. 把右边的面团向下拉，尾巴塞进底端面团里。

13. 用手握紧后按扁，形成一个鸡腿形状。

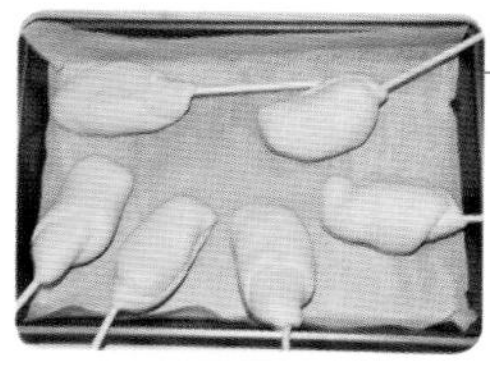

14. 依次做好所有鸡腿面包，码放在铺有油纸的烤盘上。

15. 盖好，发酵至明显变胖约 1 倍。

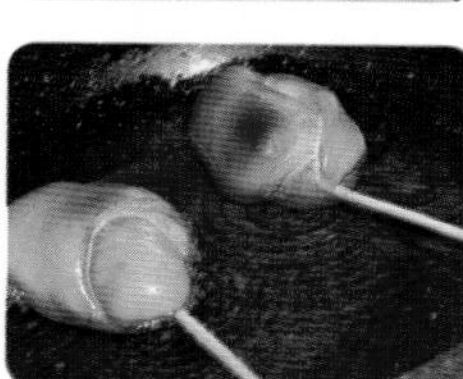

16. 油锅烧至六成热，下入面包，中小火，炸至两面金黄即可出锅。

CHAPTER 6

不专业的欧包

欧式面包，一般情况来说无油无糖，且个头较大，表皮硬脆，面包内部组织有韧性，且孔洞较大。为什么我称自己的欧包是不专业的欧包呢?

1. 有油、有糖。虽然放的量不大，但已经违背了欧包的一大特点，所以不能称得上专业。

2. 表皮不够硬脆。因为一般的家用烤箱都没有蒸汽功能，那面包的表皮就不容易烤硬脆。如果需要制造蒸汽效果，还需要准备个石板，把那个石板烤热就需要很长时间，非常麻烦。所以呢，我们就不追求那个硬脆口感了。

3. 组织太过细密。大家都知道欧包的迷人气孔组织，可是，既然我们在用料上没有完全按照欧包的标准来做，那结果也自然不能用欧包的组织来衡量。

欧包的三大特点，我一样没挨上边儿，那我怎么还敢叫自己的这些面包是“欧包”呢? 所以，本章节里面所有的面包，我就叫它们“面包”，虽然好像有欧包的外貌，但真心不敢用“欧包”来叫它们。

但是，无论怎样，口感绝对棒，这就足够了，不是吗?

DOUJIANGZALIANGMIANBAO

豆浆杂粮面包（中种法）

打好的豆浆经常喝不完怎么办？没关系，我们用它来做面包，把豆渣也放进去，加上杂粮和果干，每一口咬到的都是满满的营养元素哟……

◎ 原料 YUANLIAO

中种面团：
豆浆 150 克
耐高糖酵母 3 克
高筋面粉 200 克

主面团：
豆浆 120 克
橄榄油 20 克
糖 30 克
高筋面粉 80 克
黑麦面粉 50 克
全麦面粉 40 克
盐 3 克

配料：
腰果 50 克
熟核桃仁 50 克
蔓越莓干约 80 克

◎ 做法 ZUOFA

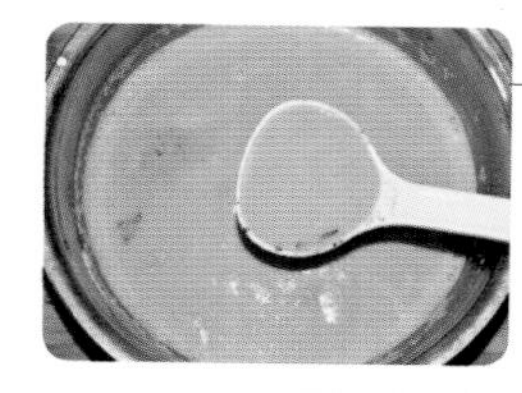

1. 豆浆和豆渣的稠度是这样的，比牛奶稍稠一点儿。

2. 150 克豆浆倒入盆中，加入 3 克耐高糖酵母、200 克高筋面粉揉成面团。

3. 盖好，室温发酵约 3 小时，体积变大约 3 倍。

4. 把中种撕碎放入面包机内桶，加入 120 克豆浆、20 克橄榄油、30 克糖、80 克高筋面粉、50 克黑麦面粉、40 克全麦面粉、3 克盐。

5. 面包机启动和面程序，和面 30 分钟就好了。

6. 加入 50 克腰果碎、50 克核桃仁碎。

二狗妈妈碎碎念

1. 中种面团可以室温发酵 1 小时，再放入冰箱冷藏 17 小时然后再用，效果更好哟。
2. 腰果和核桃仁稍切碎再糅进面团，蔓越莓干可以用葡萄干、蓝莓干等替换，当然也可以不放。
3. 豆浆的稠度比牛奶稍稠一点儿，如果没有豆浆，那用牛奶替换，中种面团量不变，主面团用量只用 100 克就可以啦。
4. 黑麦面粉和全麦面粉可以用您喜欢的杂粮粉替换，比如紫米粉、荞麦面粉等。

7. 再次启动和面程序，约 5 分钟，把果干和进面团就可以了。

8. 案板上撒面粉，把面团放案板上分成 4 份，揉圆盖好静置 15 分钟。

9. 把面团擀开，放入约 20 克的蔓越莓干，包成三角形，捏紧收口。

10. 收口朝下，码放在不粘烤盘上。

11. 盖好，发酵至明显变胖约 1 倍。

12. 表面喷水，筛高筋面粉，用锋利刀片划出叶脉形。

13. 送入预热好的烤箱，中下层，上下火 210 摄氏度烘烤 40 分钟，上色后及时加盖锡纸。

HONGTANGHONGZAOMIANBAO

红糖红枣果干面包

红糖和红枣，一组堪称完美的拍档，搭配上各式果干，浓郁的香气在口中弥漫，暖，就这样自心底悄悄蔓延……

◎ 原料 YUANLIAO

红糖红枣糊：
大红枣果肉 100 克
红糖 60 克
开水 100 克
冷水 250 克

耐高糖酵母 6 克
高筋面粉 440 克
全麦面粉 100 克
盐 5 克
无盐黄油 30 克

主面团：
红糖红枣糊全部（约 470 克）

配料：
各式果干约 150 克

二狗妈妈碎碎念

1. 果干选自己喜欢的，我用了葡萄干、红枣碎、蔓越莓干、核桃仁、腰果，其中核桃仁和腰果都需要稍切碎再加入面团。
2. 红枣最好选用个头大、肉厚的。
3. 整形方法按自己喜欢的来，觉得这样整形麻烦，可以直接揉圆放在烤盘上就行。

◎ 做法 ZUOFA

1. 大红枣洗净，剪出 100 克果肉备用，60 克红糖加 100 克开水熔化备用。

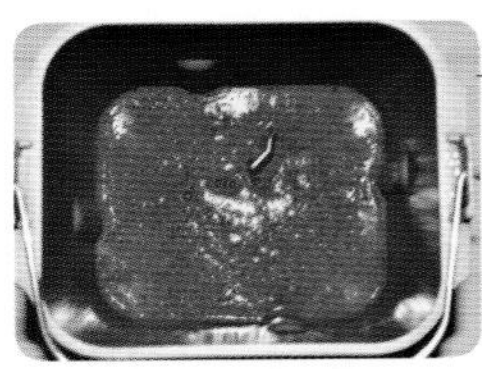

2. 把红枣肉和红糖水放入料理机，加入 250 克水打碎后倒入面包机内桶（约 470 克）。

3. 加入 6 克耐高糖酵母、440 克高筋面粉、100 克全麦面粉、5 克盐。

4. 放入面包机，启动和面程序，和面 15 分钟后加入 30 克无盐黄油，再和 15 分钟就好了。

5. 盖好，放温暖的地方发酵 60~90 分钟，发酵好的面团用手指插洞，洞口不回缩、不塌陷。

6. 准备 150 克您喜欢的果干。

7. 案板上撒面粉，把面团放案板上按扁，把果干都铺上去。

8. 在准备好的面团中间切一刀。

9. 把两块面团叠放在一起，再切一刀。

10. 再叠放一起后，揉匀。

11. 把面团分成 4 份，其中 3 份揉圆，1 份搓长。

12. 把搓长的面团分成 3 份，分别揉圆擀开，切 6 刀成小花状。

13. 圆形面团码放在不粘烤盘上，把小花蘸水后粘在圆形面团顶部。

14. 盖好，发酵至明显变胖约 1 倍。

15. 筛上一层高筋面粉。

16. 送入预热好的烤箱，中下层，上下火 200 摄氏度烘烤 40 分钟，上色后及时加盖锡纸。

QUANMAIHETAOMIANBAO

全麦核桃面包（中种法）

核桃也叫长寿果，补脑、美颜还抗衰老，那我们把核桃做进面包里，多吃一些会不会更漂亮？

◎ 原料 YUANLIAO

中种面团：
水 120 克
糖 30 克
耐高糖酵母 3 克
高筋面粉 200 克

主面团：
鸡蛋 1 个
水 30 克
全麦面粉 130 克
盐 3 克
无盐黄油 30 克

配料：
熟核桃仁约 100 克

◎ 做法 ZUOFA

1. 将 120 克水、30 克糖、3 克耐高糖酵母放入盆中，搅拌均匀。

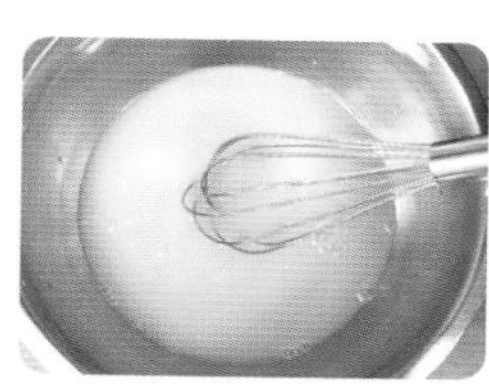

2. 加入 200 克高筋面粉，揉成面团，盖好，放温暖的地方发酵约 150 分钟。

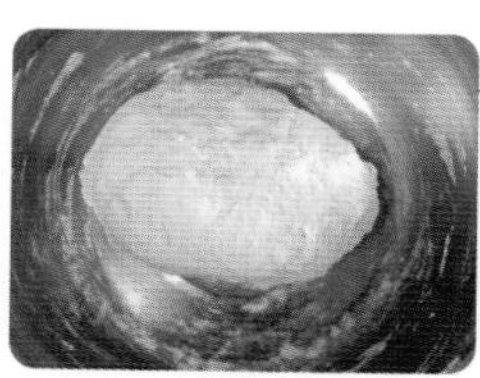

3. 发酵好的面团体积变大约 3 倍哟。

4. 把发酵好的面团撕碎放入面包机内桶，加入 1 个鸡蛋、30 克水、130 克全麦面粉、3 克盐。

5. 面包机启动和面程序，和面 15 分钟后加入 30 克无盐黄油，再和 15 分钟就好了。

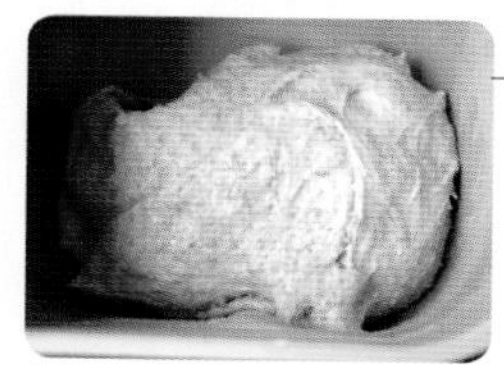

6. 案板上撒面粉，把面团直接放案板上按扁，在面团上铺约 100 克熟核桃仁。

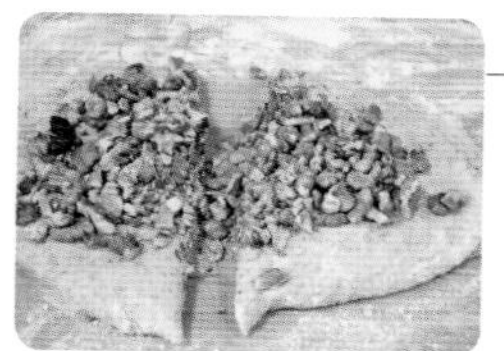

7. 将面团从中间切开。

8. 把两片面团叠放在一起，擀长。

9. 卷起来，捏紧收口（卷的时候有散落的核桃仁就随时塞进面团里面）。

10. 把面团放在不粘烤盘上，盖好，发酵至明显变胖约 1 倍，喷水，筛高筋面粉，表面用锋利刀片划几刀。

11. 送入预热好的烤箱，中下层，上下火 200 摄氏度烘烤 40 分钟，上色后及时加盖锡纸。

二狗妈妈碎碎念

1. 中种面团也可以室温发酵 1 小时后放入冰箱，冷藏 17 小时左右再用，效果更好哟。
2. 核桃仁事先放入烤箱，130 摄氏度烘烤 10 分钟左右，这样做出来的面包更香哟。
3. 如果觉得一个大面包个头太大，您可以分成两个面团，烘烤时间不变。

HONGTANGQUANMAIMIANBAO

红糖全麦面包（液种法）

◎ 原料 YUANLIAO

液种面团：
温水 320 克
红糖 100 克
耐高糖酵母 6 克
高筋面粉 300 克

主面团：
全麦面粉 200 克
橄榄油 30 克
盐 5 克

配料：
各式果干约 120 克

这款面包在微博上非常受大家喜欢，两个憨憨的大胖子，长得虽然不好看，但一口咬下去，红糖的香气、全麦面粉的香气和果干的香气充分融合，好吃到停不下来……

◎ 做法 ZUOFA

1. 320 克温水加 100 克红糖搅匀。

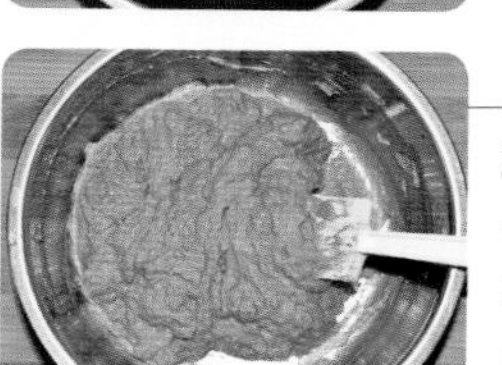

2. 加入 6 克耐高糖酵母后，再加入 300 克高筋面粉，用刮刀拌至无干粉状态。

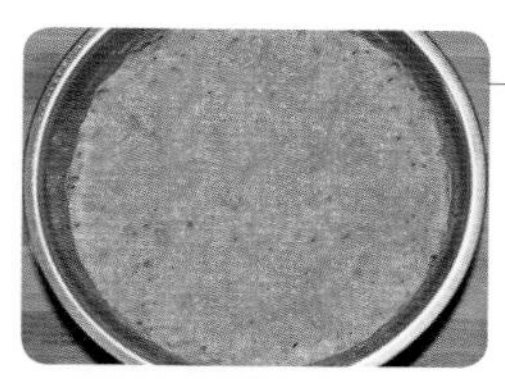

3. 室温发酵约 3 小时，满是蜂窝就可以了。

4. 把发酵好的液种全部倒入面包机内桶，再加入 200 克全麦面粉、30 克橄榄油、5 克盐。

5. 面包机启动和面程序，共和面 30 分钟就好了。

6. 案板上撒面粉，把面团直接放案板上按扁，切掉约 1/3，大面团上放满您喜欢的果干，小面团一分为二。

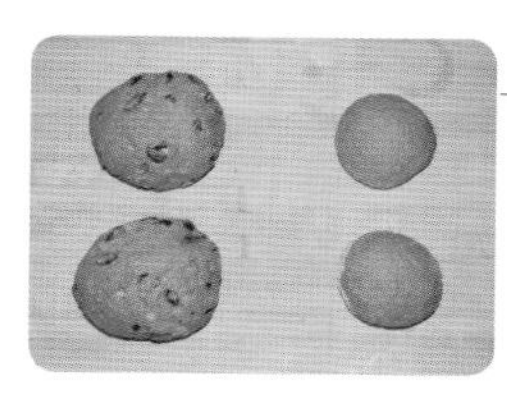

7. 大面团切几刀后，再稍揉，把果干揉进面团就可以了，分成 2 块，把 4 块面团分别揉圆。

8. 小面团擀开，包上果干面团。

9. 捏紧收口后，整理成椭圆形，放在不粘烤盘上。

10. 盖好，发酵至明显变胖约 1 倍。

11. 喷水，筛高筋面粉，表面用锋利刀片划几刀。

12. 送入预热好的烤箱，中下层，上下火 200 摄氏度烘烤 40 分钟，上色后及时加盖锡纸。

二狗妈妈碎碎念

1. 液种面团非常湿黏，不要用手去操作，用刮刀拌匀就可以啦。
2. 液种面团也可以室温发酵 1 小时，在冰箱冷藏 17 小时后再用，效果更好哟。
3. 果干选您自己喜欢的，如果用核桃仁、大杏仁、腰果等干果，请先切碎再放入面团。
4. 熔化红糖的水温可以高一些，等红糖熔化后，凉透再加酵母搅匀。
5. 全麦面粉要选用带麸皮那种，此款面包全麦面粉用量比较大，口感稍粗糙，不喜欢粗糙口感的可以减少 100 克全麦面粉，增加 100 克高筋面粉。

QUANMAIRULAOMIANBAO

全麦乳酪面包（中种法）

乳酪馅虽然不多，吃的时候若有若无，却能带给人惊喜，吃到它的那一刻，就开始期盼和乳酪相遇的下一刻了……

◎ 原料 YUANLIAO

中种面团：
水 140 克
耐高糖酵母 3 克
高筋面粉 200 克

主面团：
水 60 克
糖 20 克
高筋面粉 50 克
全麦面粉 50 克
盐 3 克
无盐黄油 20 克

馅料：
奶油奶酪 150 克
糖 20 克
蔓越莓干 50 克

◎ 做法 ZUOFA

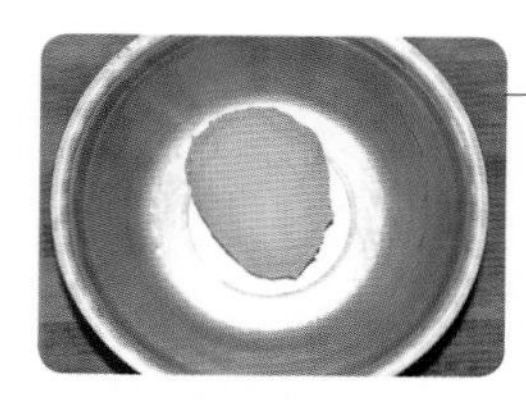

1. 140 克水倒入盆中，加入 3 克耐高糖酵母搅匀，再加入 200 克高筋面粉和成面团。

2. 盖好，室温发酵约 3 小时，面团变成蜂窝状即可。

3. 把中种面团撕碎放入面包机内桶，加入 60 克水、20 克糖、50 克高筋面粉、50 克全麦面粉、3 克盐。

4. 放入面包机，启动和面程序，和面 15 分钟后加入 20 克无盐黄油，再和 15 分钟就好了。

5. 案板上撒面粉，把面团直接放到案板上，分成 6 份，揉圆盖好静置 15 分钟。

6. 面团静置松弛的时候，我们来做馅料：150 克奶油奶酪加 20 克糖隔温水搅匀后，加入 50 克蔓越莓干拌匀。

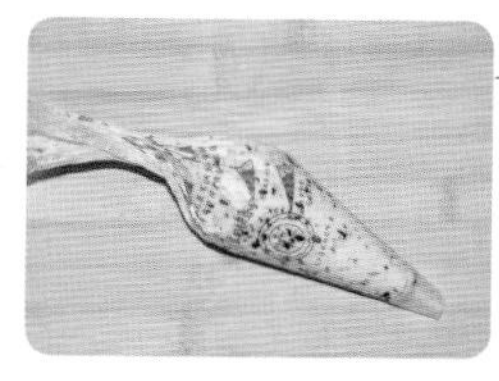

7. 馅料做好后，装入裱花袋备用。

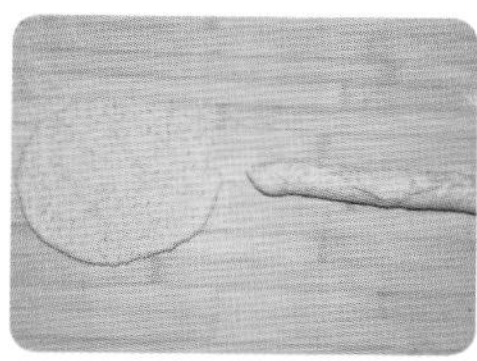

8. 取一块面团擀开，卷起来，捏紧收口。

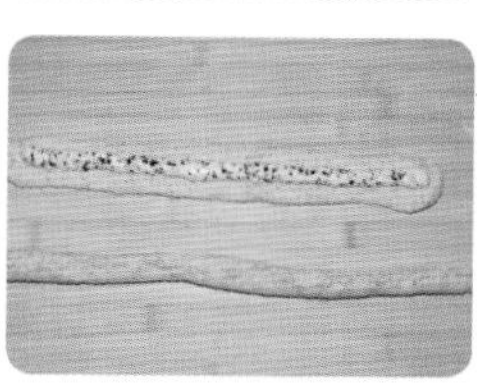

9. 面团收口朝上，压扁，擀宽，挤入一条乳酪馅，面片上下两边捏紧。

10. 将面团扭成“S”形，码放在不粘烤盘上。

11. 盖好，发酵至明显变胖约 1 倍，表面筛高筋面粉。

12. 送入预热好的烤箱，中下层，上下火 200 摄氏度烘烤 30 分钟，上色后及时加盖锡纸。

二狗妈妈碎碎念

1. 中种面团也可以室温发酵 1 小时，再放入冰箱冷藏 17 小时后使用，效果更好哟。
2. 蔓越莓干需要切细碎一些，也可以换葡萄干。
3. 全麦面粉可以用您自己喜欢的杂粮粉替换。

XIANGJIAOKEKEMIANBAO

香蕉可可面包

2016年单位组织义卖，买到这款面包的同事满脸洋溢着幸福的表情，特别大声地告诉我：马姐，真的是太好吃了！

◎ 原料 YUANLIAO

香蕉 140 克
淡奶油 100 克
水 250 克
糖 30 克
耐高糖酵母 5 克
高筋面粉 400 克
全麦面粉 160 克
可可粉 40 克
盐 5 克

配料：
耐高温巧克力豆约 80 克

二狗妈妈碎碎念

1. 香蕉一定要熟透，香蕉表皮有黑点的那种香气更浓郁哟。
2. 没有耐高温巧克力豆，可以不放。
3. 我做的量比较大，您可以把所有的原料减半。

◎ 做法 ZUOFA

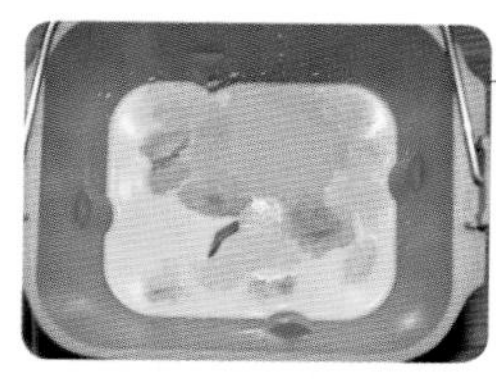

1. 140 克香蕉切小块放入面包机内桶，加入 100 克淡奶油、250 克水、30 克糖、5 克耐高糖酵母。

2. 再加入 400 克高筋面粉、160 克全麦面粉、40 克可可粉、5 克盐。

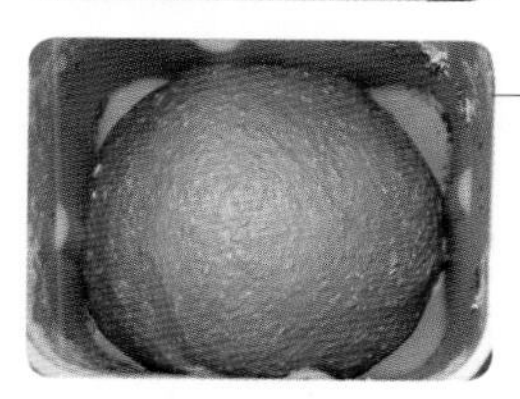

3. 放入面包机，启动和面程序，和面 30 分钟就好了。

4. 盖好，放温暖的地方发酵 60~90 分钟，发酵好的面团用手指插洞，洞口不回缩、不塌陷。

5. 案板上撒面粉，把面团放案板上分成 4 份，揉圆盖好，静置 15 分钟。

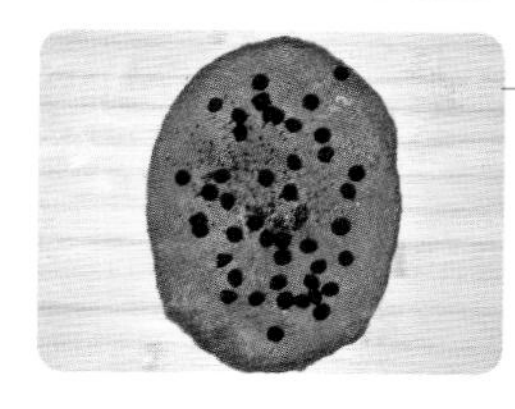

6. 把面团擀开，铺一层耐高温巧克力豆。

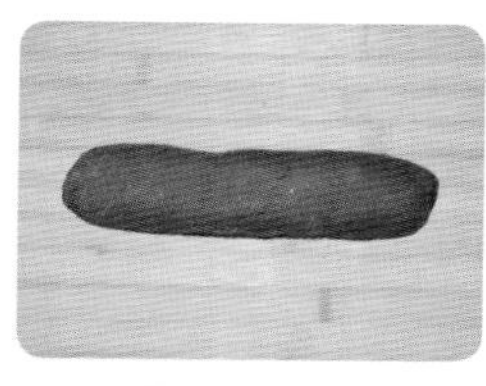

7. 将铺好巧克力豆的面团卷起来，捏紧收口。

8. 面团收口朝下，码放在不粘烤盘上。

9. 盖好，发酵至明显变胖约 1 倍。

10. 表面喷水，筛高筋面粉，用锋利刀片划几刀。

11. 送入预热好的烤箱，中下层，上下火 190 摄氏度烘烤 40 分钟，上色后及时加盖锡纸。

无糖面包

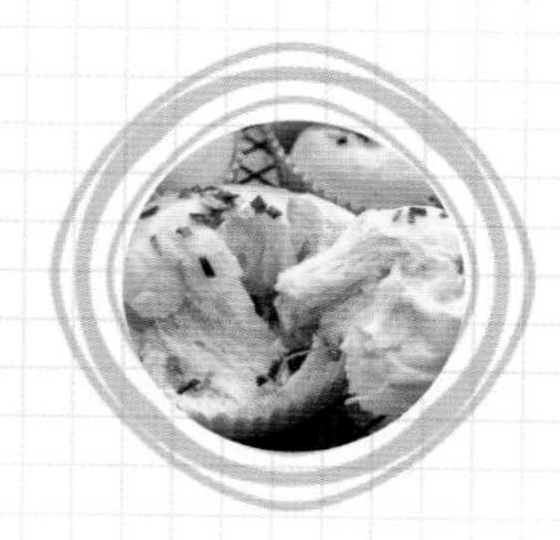
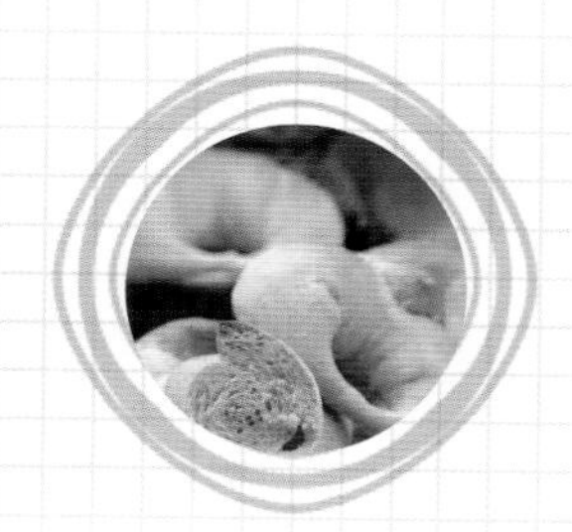

无糖面包，已经受到越来越多人的喜爱，无糖少油，搭配一些杂粮，吃起来非常健康。

我曾在微博中发布过几款无糖面包，很多朋友都反馈很好吃，说特别受老年人的喜欢，我也给公婆做一些无糖面包，他们觉得，无糖，反而会吃到粮食的本味，很香，很好吃……所以，在我的面包书里一定要有这样的几款无糖面包，让老年人或不喜欢糖的读者也可以吃到放心的面包……

本章共收录了 9 款无糖面包，虽然无糖，我却依然使用了耐高糖酵母，为什么呢？因为不论是做无糖面包还是中式面食，耐高糖酵母的发酵效果都非常好，所以您不妨也试一试。

本章节中的食材涉及了全麦、荞麦、芝麻、芹菜等，每一款都非常适合老年人吃……还在等什么？快选一款来孝敬父母吧……

虽然没有放糖，但南瓜本身就有淡淡的甜味儿哟，切成片，用来做主食很棒……

WUTANGNANGUAMIANBAO

无糖南瓜面包

◎ 原料 YUANLIAO

南瓜泥 200 克
鸡蛋 1 个
水 80 克
耐高糖酵母 5 克
橄榄油 30 克
高筋面粉 420 克
盐 5 克

二狗妈妈碎碎念

1. 南瓜泥含水量不同，您要根据实际情况调整面粉用量哟。
2. 没有这个模具不要紧，直接把面团码放在不粘烤盘上就可以了。
3. 注意基础发酵后，不要排气，随意捏成棍子状就可以了。

◎ 做法 ZUOFA

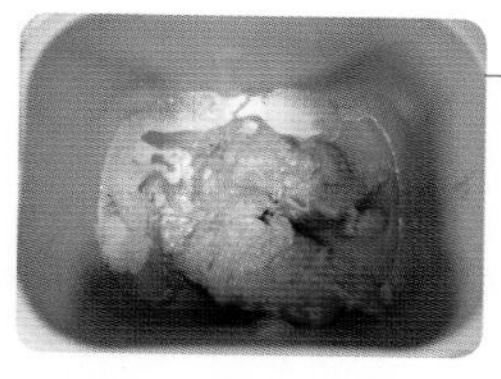

1. 将 200 克蒸熟凉透的南瓜泥放入面包机内桶。

2. 加入 1 个鸡蛋、80 克水、5 克耐高糖酵母、30 克橄榄油、420 克高筋面粉、5 克盐。

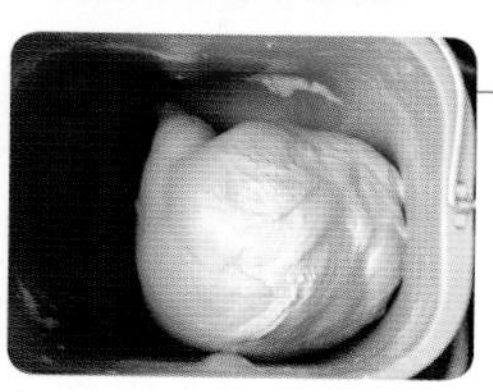

3. 放入面包机，启动和面程序，和面共 30 分钟就好了。

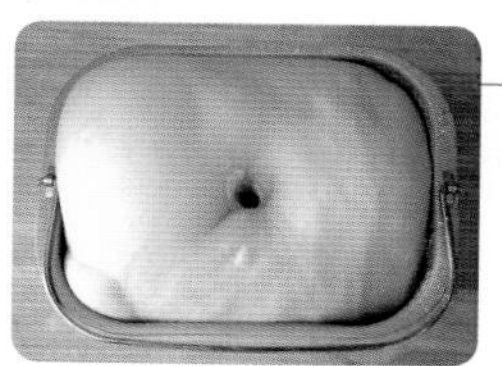

4. 盖好，放温暖的地方发酵 60～90 分钟，发酵好的面团用手指插洞，洞口不回缩、不塌陷。

5. 案板上面粉，把面团放案板上直接分成 3 份（不需要排气哟）。

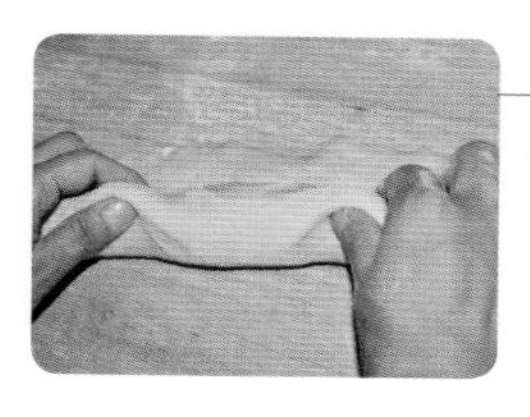

6. 取一块面团，随意用手稍按，卷起来。

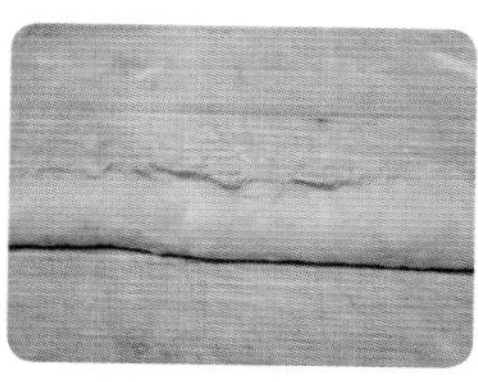

7. 将卷起的面团捏紧收口。

8. 三块面团分别整形结束，放在法棍模具上。

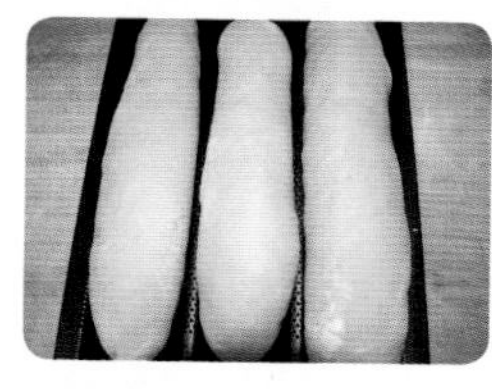

9. 盖好发酵至明显变大约 2 倍。

10. 在面团表面喷水，筛高筋面粉，用剪刀减几个大口。

11. 送入预热好的烤箱，中下层，上下火 210 摄氏度烘烤 30 分钟，上色后及时加盖锡纸。

WUTANGQUANMAINIUJIAOMIANBAO

无糖全麦牛角面包

像不像一个个小胖子，端着小胖手在等人？

◎ 原料 YUANLIAO

牛奶 140 克
橄榄油 15 克
耐高糖酵母 2 克
高筋面粉 160 克
全麦面粉 40 克
盐 4 克

◎ 做法 ZUOFA

1. 140 克牛奶倒入面包机内桶，加入 15 克橄榄油、2 克耐高糖酵母、160 克高筋面粉、40 克全麦面粉、4 克盐。

2. 放入面包机，启动和面程序，和面 30 分钟就好了。

3. 盖好，放温暖的地方发酵 60～90 分钟，发酵好的面团用手指插洞，洞口不回缩、不塌陷。

4. 案板上撒面粉，把面团放案板上按扁后分成 6 份。

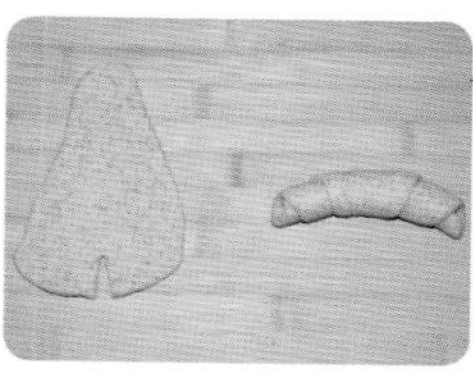

5. 取一块面团，小头朝上，擀长，在面片下方中间切一刀，自下向上卷起来。

6. 码放在不粘烤盘上，把两端弯起来。

7. 盖好，发酵至明显变胖约 1 倍。

8. 送入预热好的烤箱，中下层，上下火 190 摄氏度烘烤 20 分钟，上色后及时加盖锡纸。

二狗妈妈碎碎念

1. 全麦面粉可以用您自己喜欢的杂粮粉替换。
2. 橄榄油也可以用您喜欢的植物油替换。

WUTANGQIAOMAIHEIZHIMAMIANBAO

无糖荞麦黑芝麻面包

憨憨的大个子，长得不好看，却有着丰富的营养呢……

◎ 原料 YUANLIAO

水 145 克
橄榄油 20 克
耐高糖酵母 3 克
高筋面粉 200 克
荞麦面粉 50 克
黑芝麻 20 克
盐 4 克

二狗妈妈碎碎念

1. 荞麦面粉可以用您自己喜欢的杂粮粉替换。
2. 橄榄油可以用植物油替换。
3. 黑芝麻可以用您自己喜欢的坚果碎替换。
4. 因为时间关系，省略了基础发酵，但效果并不差哟。
5. 没有藤篮没关系，面团直接放在不粘烤盘上就可以啦。

◎ 做法 ZUOFA

1. 145 克水倒入面包机内桶，加入 3 克耐高糖酵母、20 克橄榄油、200 克高筋面粉、50 克荞麦面粉、20 克黑芝麻、4 克盐。

2. 放入面包机，启动和面程序，和面 30 分钟就好了。

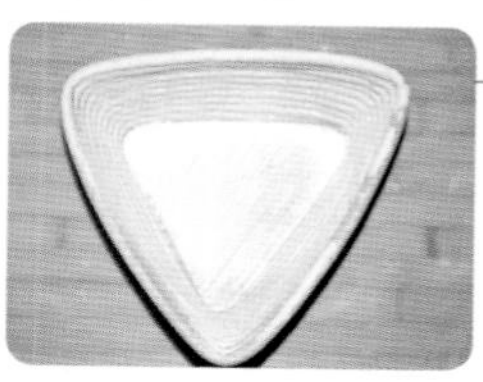

3. 藤篮（边长 20 厘米）筛入高筋面粉。

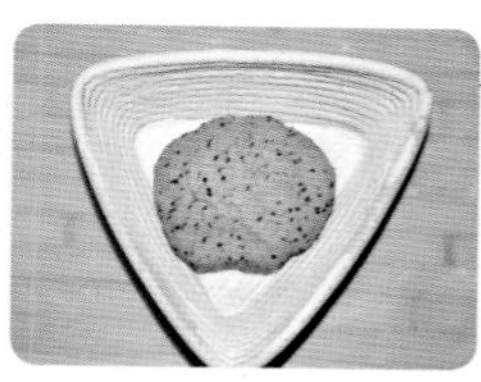

4. 把面团直接放进藤篮。

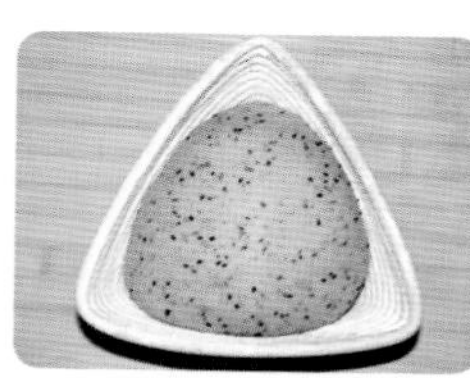

5. 盖好，发酵至明显变胖约 1 倍。

6. 把藤篮扣在不粘烤盘上，撤掉藤篮，用锋利刀片在中间划 3 刀。

7. 送入预热好的烤箱，中下层，上下火 190 摄氏度烘烤 40 分钟，上色后及时加盖锡纸。

WUTANGHEIZHIMAXIAOCANBAO

无糖黑芝麻小餐包

别看我们皮肤黑，我们的皮是脆的，可香啦……

◎ 原料 YUANLIAO

淡奶油 100 克
水 120 克
耐高糖酵母 3 克
橄榄油 10 克
高筋面粉 260 克
黑芝麻粉 40 克
盐 4 克
全蛋液适量

二狗妈妈碎碎念

1. 面包的造型您可以根据自己的喜好作调整。
2. 橄榄油可以用您喜欢的植物油替换。

◎ 做法 ZUOFA

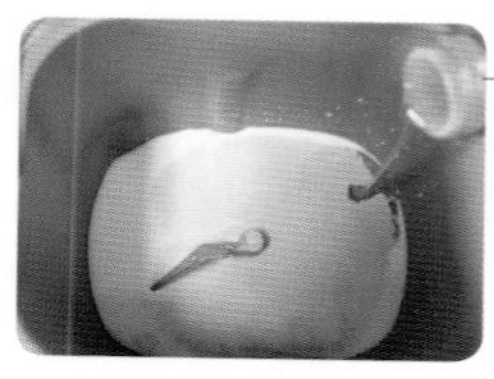

1. 100 克淡奶油、120 克水、3 克耐高糖酵母、10 克橄榄油放入面包机内桶。

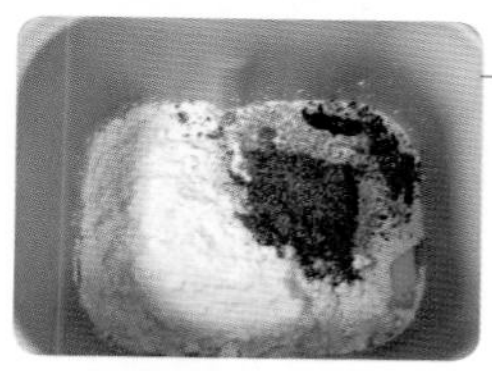

2. 加入 260 克高筋面粉、40 克黑芝麻粉、4 克盐。

3. 放入面包机，启动和面程序和面 30 分钟后就好了。

4. 盖好，放温暖的地方发酵 60～90 分钟，发酵好的面团用手指插洞，洞口不回缩、不塌陷。

5. 案板上撒面粉，把面团放案板上按扁后分成 8 份。

6. 取一块面团，尖头朝上。

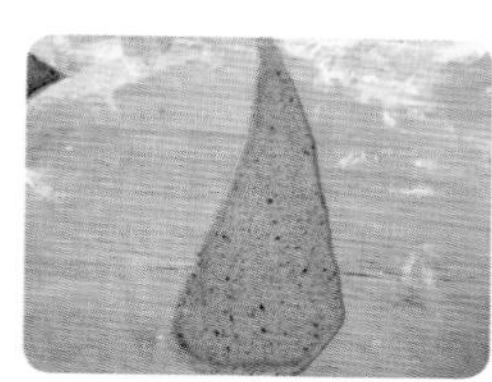

7. 将面团擀长。

8. 从下向上卷起来，收口朝下。

9. 把所有面团依次做好，码放在不粘烤盘上。

10. 盖好，发酵至明显变胖约 1 倍。

11. 刷全蛋液，送入预热好的烤箱，中下层，上下火 190 摄氏度烘烤 20 分钟，上色后及时加盖锡纸。

WUTANGXIANGCONGMIANBAO

无糖香葱面包

又软又香，尤其是表面那些香葱碎，真的好提味儿……

◎ 原料 YUANLIAO

牛奶 200 克
鸡蛋 1 个
耐高糖酵母 4 克
橄榄油 20 克
高筋面粉 260 克
低筋面粉 100 克
盐 5 克
黄油 30 克
香葱碎 25 克
全蛋液适量

二狗妈妈碎碎念

1. 面包可做另一种造型：直接揉圆，发酵好后，在面包顶部剪十字，放香葱黄油馅。
2. 没有面包纸托也没关系，把面包直接放烤盘上就可以了。

◎ 做法 ZUOFA

1. 200 克牛奶倒入面包机内桶，加入 1 个鸡蛋、4 克耐高糖酵母、20 克橄榄油、260 克高筋面粉、100 克低筋面粉、5 克盐。

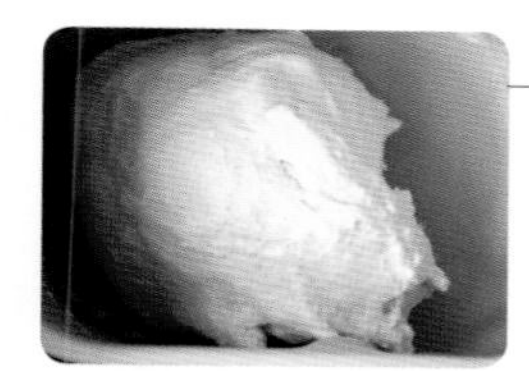

2. 放入面包机，启动和面程序，和面 30 分钟就可以了。

3. 盖好，放温暖的地方发酵 60～90 分钟，发酵好的面团用手指插洞，洞口不回缩、不塌陷。

4. 把面团分成 8 份，揉圆，盖好，醒 15 分钟。

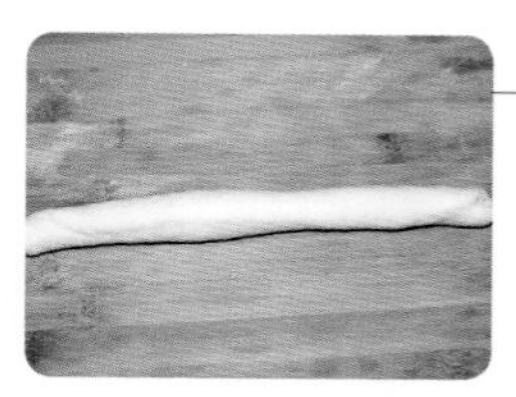

5. 取一块面团擀开卷起来，捏紧收口，搓长。

6. 先把面团的一端扭上去。

7. 再把另外一端穿过小孔，打成一个结。

8. 把两端在背后捏紧。

9. 全部做好放入纸托上。

10. 盖好，发酵至明显变胖约 1 倍。

11. 发酵的时候我们来做香葱黄油馅：30 克黄油软化后加 2 克盐搅匀，再加入 25 克香葱碎拌匀。

12. 发酵好的面包刷蛋液，中间放香葱黄油馅，送入预热好的烤箱，中下层，上下火 180 摄氏度烘烤 30 分钟，上色后及时加盖锡纸。

WUTANGSUANXIANGFOKAXIA

无糖蒜香佛卡夏

没有了大蒜的辛辣味，取而代之的是蒜香四溢……

◎ 原料 YUANLIAO

水 150 克
橄榄油 20 克
耐高糖酵母 3 克
高筋面粉 200 克
全麦面粉 40 克
盐 4 克

配料：
橄榄油少许
大蒜片适量
欧芹碎少许

◎ 做法 ZUOFA

1. 150 克水倒入面包机内桶，加入 20 克橄榄油、3 克耐高糖酵母。

2. 再加入 200 克高筋面粉、40 克全麦面粉、4 克盐。

3. 放入面包机，启动和面程序，和面 30 分钟就可以了。

4. 盖好，放温暖的地方发酵 60～90 分钟，发酵好的面团用手指插洞，洞口不回缩、不塌陷。

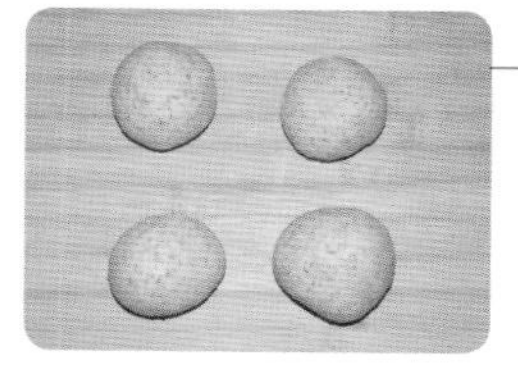

5. 案板上撒面粉，把面团放案板上分成 4 份，揉圆盖好静置 15 分钟。

6. 把面团都擀成圆片。

7. 将圆片码放在不粘烤盘上。

8. 盖好，静置至面饼明显变胖约 1 倍。

9. 用手指在面饼上随意按几个坑，表面刷橄榄油，把大蒜片插在坑中，再撒些欧芹碎。

10. 送入预热好的烤箱，中下层，上下火 190 摄氏度烘烤 20 分钟，上色后及时加盖锡纸。

二狗妈妈碎碎念

1. 蒜片可多可少，可根据自己喜好调节。
2. 没有欧芹碎，可以用香葱碎替换。

WUTANGQINCAIQUANMAIMIANBAO

无糖芹菜全麦面包

浅浅的一抹绿，淡淡的芹菜香，我把这款面包送给了一个患糖尿病多年的朋友，他说非常好吃……

◎ 原料 YUANLIAO

水 150 克
橄榄油 20 克
耐高糖酵母 3 克
高筋面粉 200 克
全麦面粉 40 克
盐 4 克

配料：
橄榄油少许
大蒜片适量
欧芹碎少许

◎ 做法 ZUOFA

1. 150 克水倒入面包机内桶，加入 20 克橄榄油、3 克耐高糖酵母。

2. 再加入 200 克高筋面粉、40 克全麦面粉、4 克盐。

3. 放入面包机，启动和面程序，和面 30 分钟就可以了。

4. 盖好，放温暖的地方发酵 60～90 分钟，发酵好的面团用手指插洞，洞口不回缩、不塌陷。

5. 案板上撒面粉，把面团放案板上分成 4 份，揉圆盖好静置 15 分钟。

6. 把面团都擀成圆片。

7. 将圆片码放在不粘烤盘上。

8. 盖好，静置至面饼明显变胖约 1 倍。

9. 用手指在面饼上随意按几个坑，表面刷橄榄油，把大蒜片插在坑中，再撒些欧芹碎。

10. 送入预热好的烤箱，中下层，上下火 190 摄氏度烘烤 20 分钟，上色后及时加盖锡纸。

二狗妈妈碎碎念

1. 蒜片可多可少，可根据自己喜好调节。
2. 没有欧芹碎，可以用香葱碎替换。

WUTANGNAILAOMIANBAOBANG

无糖奶酪面包棒

淡淡的咸香，淡淡的奶酪香，焦硬的口感，用来做零食也不错呀……

◎ 原料 YUANLIAO

水 120 克
橄榄油 15 克
耐高糖酵母 2 克
高筋面粉 150 克
低筋面粉 50 克
奶酪粉 20 克
盐 3 克

配料：
黑白芝麻约 20 克
全蛋液适量

二狗妈妈碎碎念

1. 芝麻可以用您喜欢的坚果碎替换。
2. 面片尽可能擀方正，如果不方正可以折叠后再擀。
3. 奶酪粉是这款面包的关键，不建议替换。
4. 面条扭好后码放在烤盘上，两端按压一下，这样烤出来的面包不容易走形。

◎ 做法 ZUOFA

1. 120 克水倒入面包机内桶，加入 15 克橄榄油、2 克耐高糖酵母、150 克高筋面粉、50 克低筋面粉、20 克奶酪粉、3 克盐。

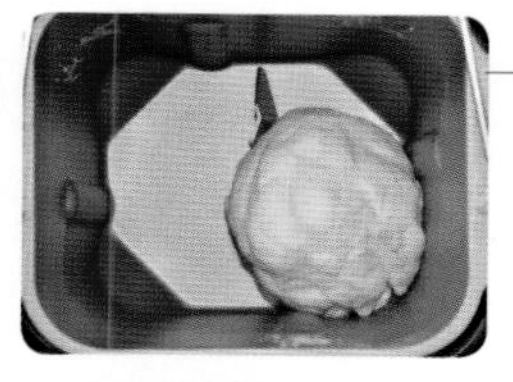

2. 放入面包机，启动和面程序，和面 30 分钟就好了。

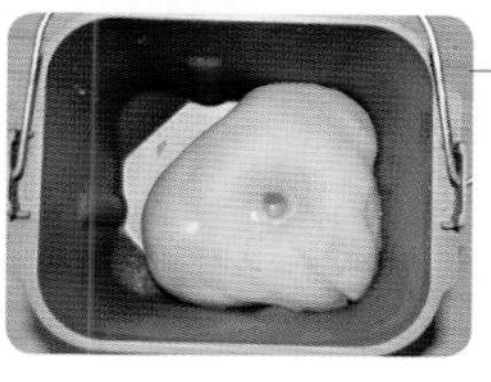

3. 盖好，放温暖的地方发酵 60～90 分钟，发酵好的面团用手指插洞，洞口不回缩、不塌陷。

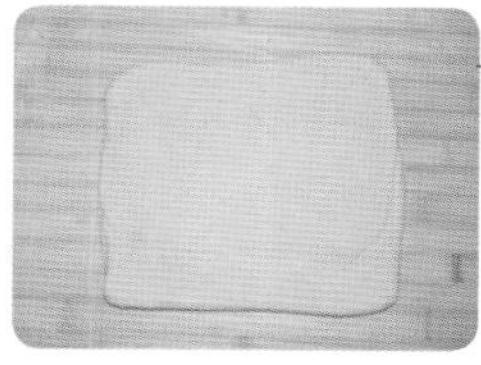

4. 案板上撒面粉，把面团放案板上擀开。

5. 刷全蛋液，撒黑白芝麻，用擀面杖稍压一下芝麻。

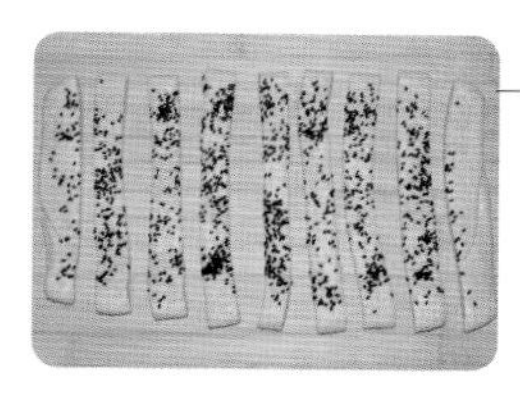

6. 切成 3 厘米宽度的长条。

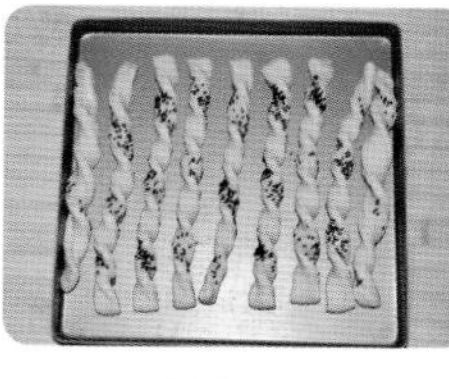

7. 扭几下，码放在不粘烤盘上。

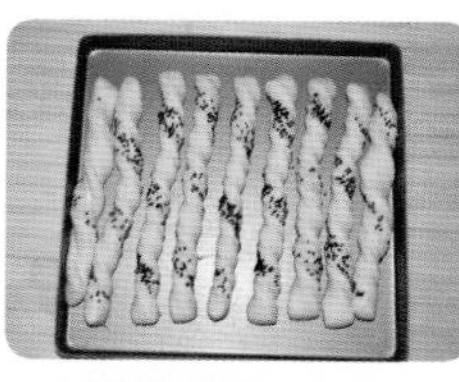

8. 盖好，室温松弛 20 分钟。

9. 送入预热好的烤箱，中下层，上下火 180 摄氏度烘烤 30 分钟。

WUTANGQINCAIQUANMAIMIANBAO

无糖芹菜全麦面包

浅浅的一抹绿，淡淡的芹菜香，我把这款面包送给了一个患糖尿病多年的朋友，他说非常好吃……

◎ 原料 YUANLIAO

芹菜糊：
芹菜 200 克
水 200 克

主面团：
芹菜糊 240 克
橄榄油 30 克
耐高糖酵母 4 克
高筋面粉 260 克
全麦面粉 80 克
盐 6 克

二狗妈妈碎碎念

1. 不喜欢芹菜的味道，可以换其他蔬菜哟。
2. 没有藤篮也没关系，把面团直接放在不粘烤盘上就可以了。

◎ 做法 ZUOFA

1. 200 克芹菜切碎加 200 克水打成糊，取 240 克芹菜糊倒入面包机内桶。

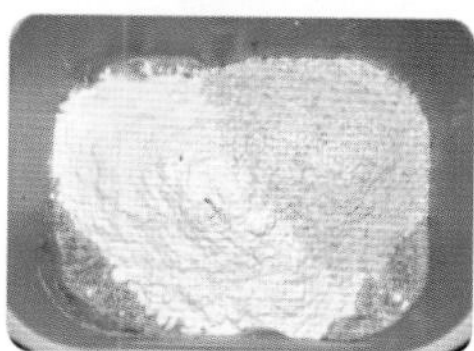

2. 加入 30 克橄榄油、4 克耐高糖酵母、260 克高筋面粉、80 克全麦面粉、6 克盐。

3. 放入面包机，启动和面程序，和面 30 分钟就好了。

4. 盖好，放温暖的地方发酵 60～90 分钟，发酵好的面团用手指插洞，洞口不回缩、不塌陷。

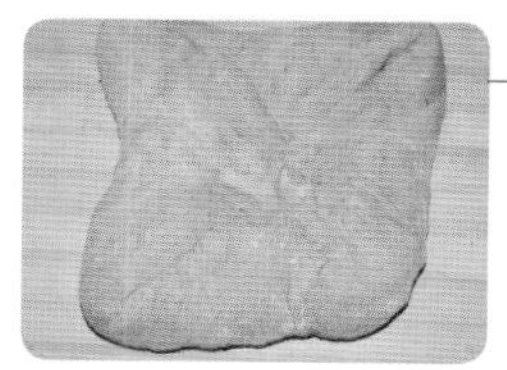

5. 案板上撒面粉，把面团放案板上按扁，提起四角往中间按压。

6. 按压后的面团再提起四角往中间捏紧就可以了。

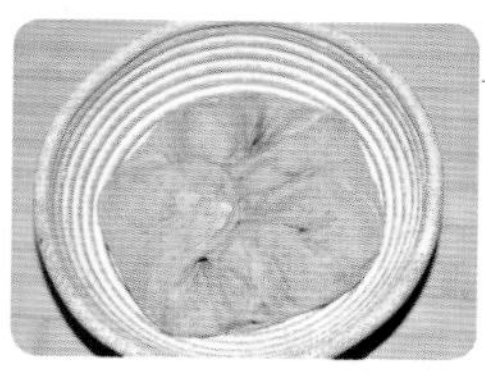

7. 将面团收口朝上放入事先筛好高筋面粉的藤篮（直径 25 厘米）中。

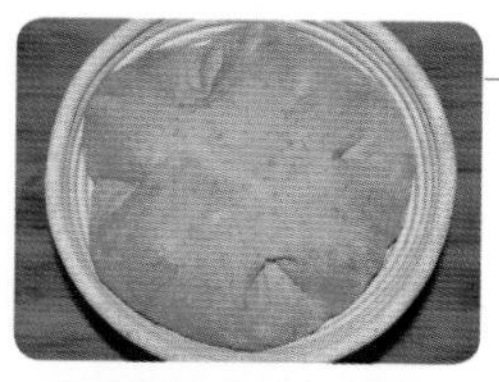

8. 盖好，发酵至明显变胖约 1 倍。

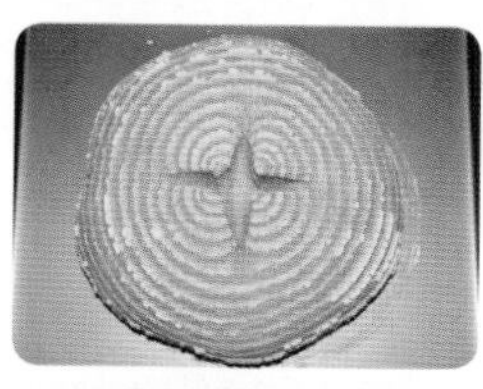

9. 把藤篮扣在不粘烤盘上，撤掉藤篮，用剪刀在中间剪出“十”字。

10. 表面喷水送入预热好的烤箱，中下层，上下火 210 摄氏度烘烤 40 分钟，上色后及时加盖锡纸。

WUTANGPEIYABANG

无糖胚芽棒

胚芽的营养价值很高，放在面包里，丝毫吃不出粗糙的口感……

◎ 原料 YUANLIAO

水 130 克
耐高糖酵母 3 克
高筋面粉 170 克
胚芽 30 克
盐 4 克
无盐黄油 20 克

◎ 做法 ZUOFA

1. 130 克水放入面包机内桶，加入 3 克耐高糖酵母、170 克高筋面粉、30 克胚芽、4 克盐。

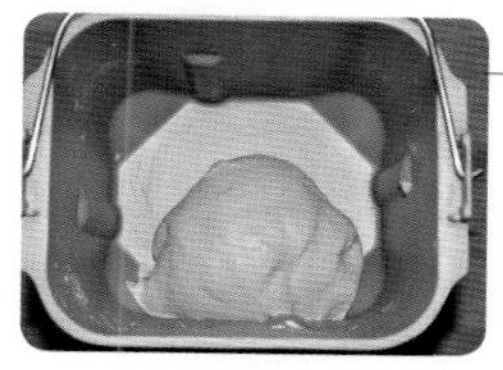

2. 放入面包机，启动和面程序，和面 15 分钟后加入 20 克无盐黄油，再和 15 分钟就好了。

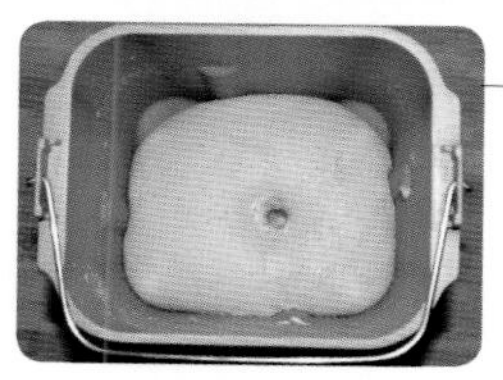

3. 盖好，放温暖的地方发酵 60～90 分钟，发酵好的面团用手指插洞，洞口不回缩、不塌陷。

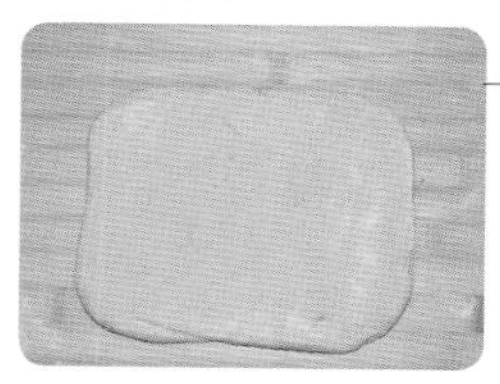

4. 案板上撒面粉，把面团放案板上擀开，厚度约 2 厘米。

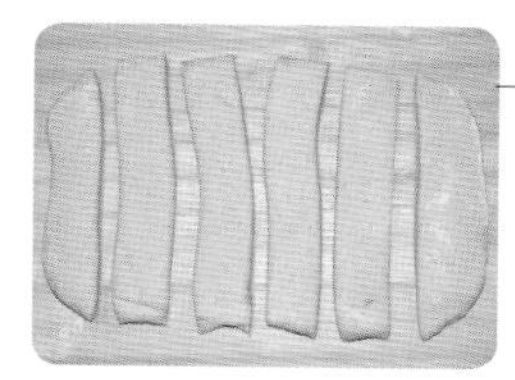

5. 将面团切成宽条。

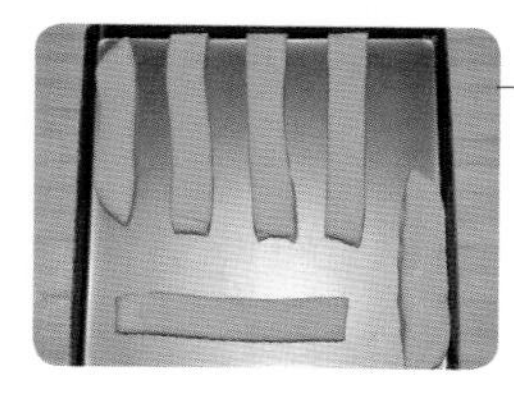

6. 切好的面团码放在不粘烤盘上。

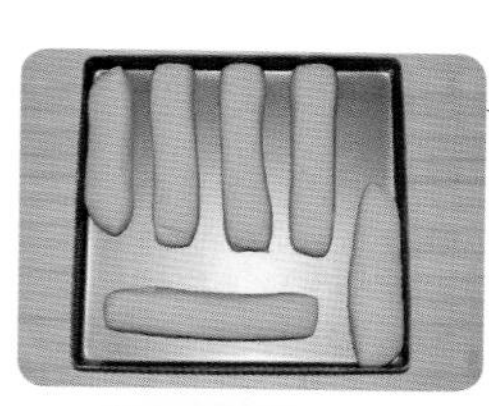

7. 盖好，发酵至明显变胖约 1 倍。

8. 送入预热好的烤箱，中下层，上下火 190 摄氏度烘烤 20 分钟，上色后及时加盖锡纸。

二狗妈妈碎碎念

1. 胚芽是这款面包的特色，如果实在没有，可以用等量全麦面粉或即食燕麦片替换。
2. 造型方法可以根据自己喜好调整哦。

免揉面包

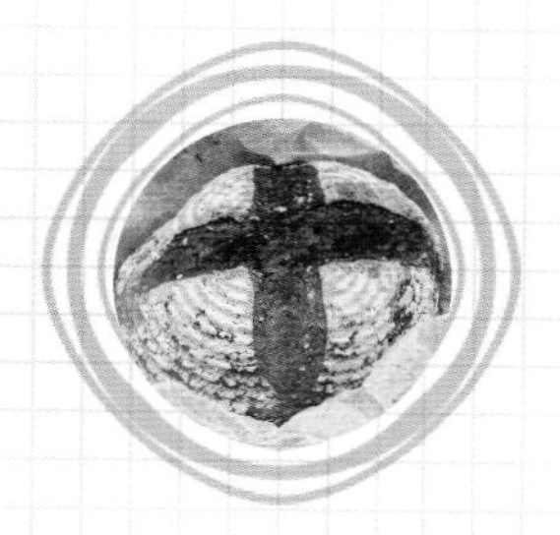

免揉面包，就是不需要手工揉面的面包……

手工揉面是个体力活儿，所以现在越来越多的人用面包机、厨师机代替手工揉面。

本章节的 4 款免揉面包，每一款都非常好吃，而且每一款都非常容易操作，我最喜欢的是玉米面包，已经成为我家餐桌上的新宠！虽然低糖，但因为加入了大量的玉米粒，吃起来非常香甜，口感非常好哟！

MIANROUFENGMIQUANMAIMIANBAO

免揉蜂蜜全麦面包

外表焦香，内心柔软，散发着淡淡的蜂蜜香，用来做主食是再好不过啦……

◎ 原料 YUANLIAO

水 200 克
蜂蜜 40 克
橄榄油 15 克
耐高糖酵母 3 克
高筋面粉 200 克
低筋面粉 40 克
全麦面粉 60 克
盐 3 克

◎ 做法 ZUOFA

1. 200 克水倒入盆中，加入 40 克蜂蜜、15 克橄榄油、3 克耐高糖酵母，搅匀。

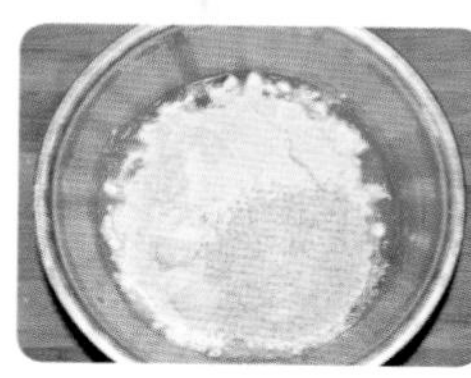

2. 再加入 200 克高筋面粉、40 克低筋面粉、60 克全麦面粉、3 克盐。

3. 用刮刀拌成团。

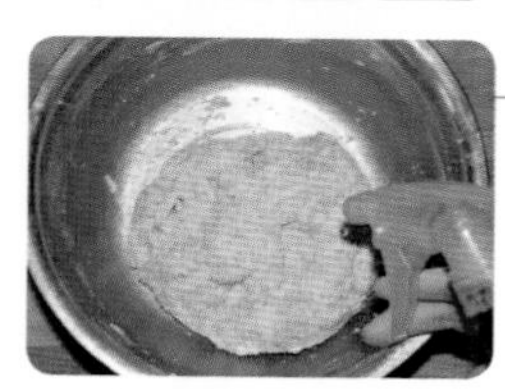

4. 表面喷水。

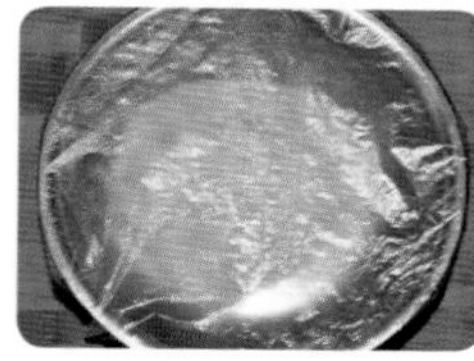

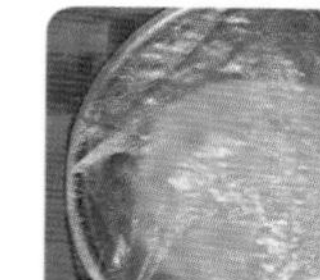

5. 盖好静置 30 分钟。

6. 静置时间结束后，用刮刀把四周的面团往中心压，压 4 下就可以全部压完，再重复压 2 圈。

二狗妈妈碎碎念

1. 这款面包在室温 2 小时发酵过程中，总共按压折叠了 3 次。
2. 如果您没有足够的时间，可在按压折叠 2 次盖好以后，冰箱冷藏 10 小时左右，从冰箱取出回温后，就可以整形放入藤篮啦。
3. 如果没有藤篮，直接揉圆放在烤盘上就可以了。

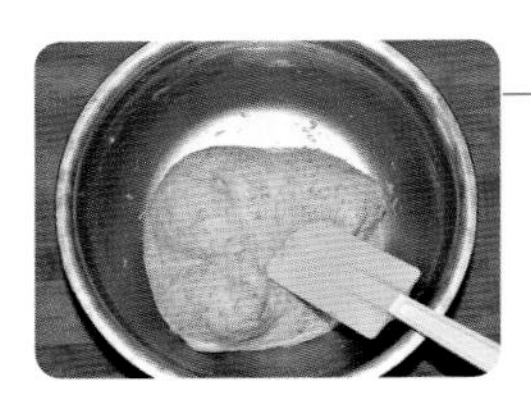

7. 再盖好静置 30 分钟后，再用刮刀把四周的面团往中心压，盖好再静置 30 分钟后，再重复用刮刀把面团压一次。

8. 盖好，静置 30 分钟后的样子（也就是说，面团拌成团到现在一共 2 小时，要用刮刀按压面团 3 次）。

9. 案板上撒面粉，把面团放案板上按扁。

10. 将面团折 3 折。

11. 再折 3 折，捏紧收口。

12. 把四周面团往中心提，捏紧收口。

13. 放入事先筛了高筋面粉的藤篮。

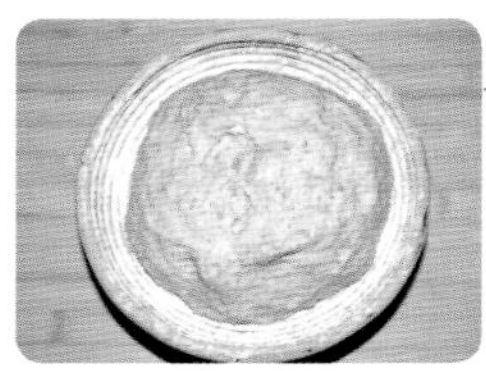

14. 盖好发酵至 2 倍大。

15. 面团表面用锋利刀片划个“十”字。

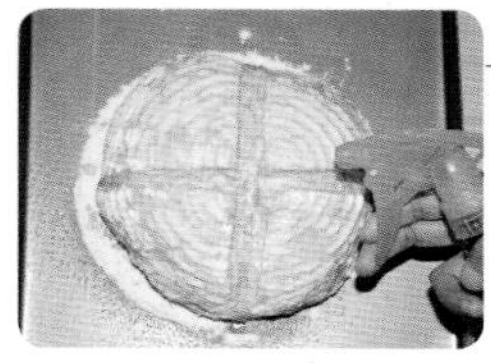

16. 在面团表面喷大量水。

17. 送入预热好的烤箱，中下层，上下火230摄氏度烘烤20分钟转200摄氏度烘烤20分钟，上色后及时加盖锡纸。

低糖、无油，样子也不好看，但却
意外地好吃，每一口都有玉米的香
甜和颗粒感……
MIANROUYUMIMIANBAO
免揉玉米
面包

◎ 原料 YUANLIAO

牛奶 230 克
糖 20 克
耐高糖酵母 3 克
高筋面粉 260 克
熟玉米粒 100 克
盐 3 克

二狗妈妈碎碎念

1. 我用的是煮熟的甜玉米，凉透后把玉米粒剥下来备用。
2. 面团一开始非常湿黏，所以最好不用手，用刮刀拌匀就行。
3. 发酵 1 小时后，案板上一定多撒一些面粉，再把面团用刮刀移到案板上。

◎ 做法 ZUOFA

1. 230 克牛奶倒入盆中，加入 20 克糖、3 克耐高糖酵母，搅匀。

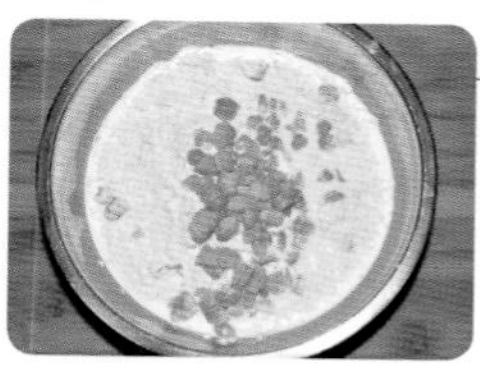

2. 再加入 260 克高筋面粉、100 克熟玉米粒、3 克盐。

3. 用刮刀拌成面团，盖好静置 60 分钟。

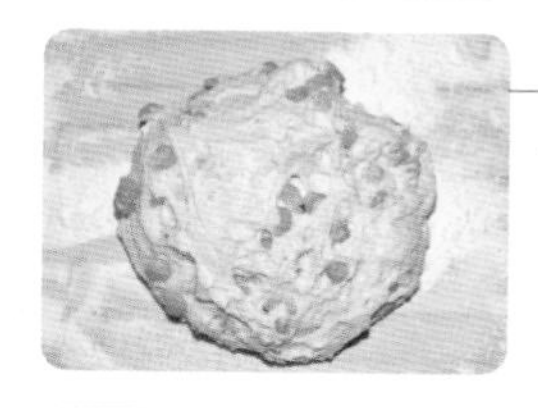

4. 案板上撒大量面粉，把面团倒到案板上。

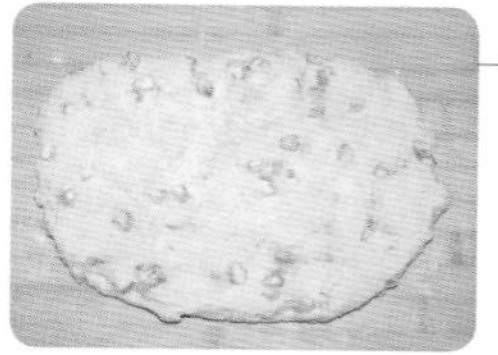

5. 面团沾满面粉后按扁。

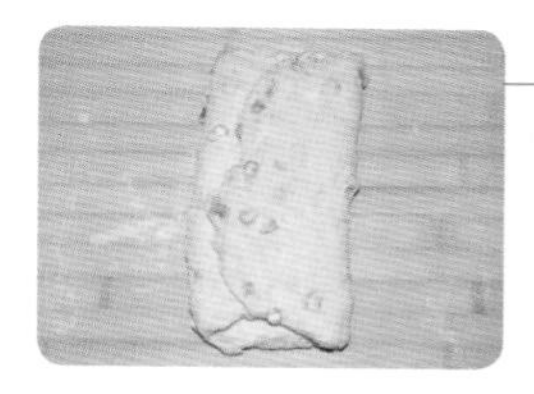

6. 将面团折 3 折，盖好静置 60 分钟。

7. 把静置好的面团上下折 3 折。

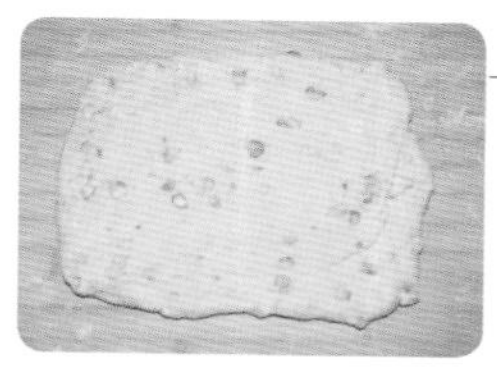

8. 将面团擀成大厚片。

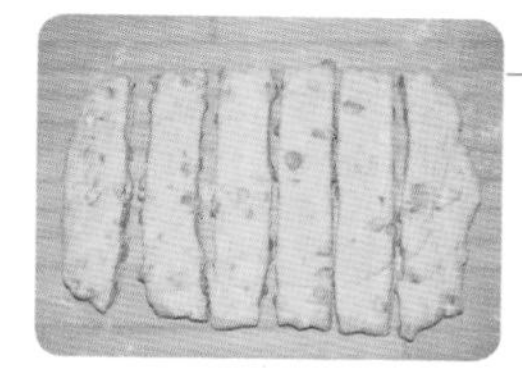

9. 切成 3 厘米宽的长条。

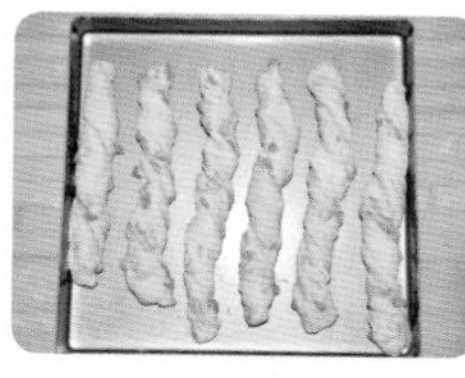

10. 扭几下，码放在不粘烤盘上。

11. 盖好，发酵至明显变胖。

12. 送入预热好的烤箱，中下层，上下火 190 摄氏度烘烤 30 分钟，上色后及时加盖锡纸。

MIANROUHEIZHIMAXIAOMIANBAO

免揉黑芝麻小面包

这是一款朴实无华的面包，虽然简单却香气十足……

◎ 原料 YUANLIAO

水 130 克
糖 20 克
耐高糖酵母 2 克
高筋面粉 180 克
黑芝麻粉 20 克
盐 2 克
无盐黄油适量

二狗妈妈碎碎念

1. 面团一开始非常湿黏，所以最好不用手搅拌，用刮刀拌匀就可以了。
2. 发酵 1 小时后，案板上一定多撒一些面粉，再把面团用刮刀移到案板上。
3. 切口处放黄油是为了让裂口更好看，也增加香气，如果不喜欢，可以省略。

◎ 做法 ZUOFA

1. 130 克水倒入盆中，加入 20 克糖、2 克耐高糖酵母搅匀。

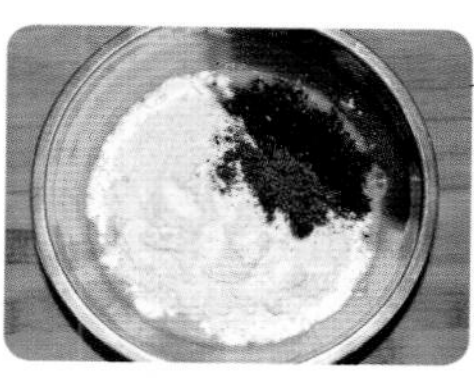

2. 再加入 180 克高筋面粉、20 克黑芝麻粉、2 克盐。

3. 用刮刀拌成面团，盖好，静置 60 分钟。

4. 案板上多撒一些面粉，把面团放案板上沾满面粉后按扁。

5. 将面团折 3 折，盖好，静置 60 分钟。

6. 把面团分成 6 份。

7. 分别揉圆，盖好静置 20 分钟。

8. 取一块面团擀开，卷成橄榄形状。

9. 码放在不粘烤盘上。

10. 盖好，发酵至明显变胖。

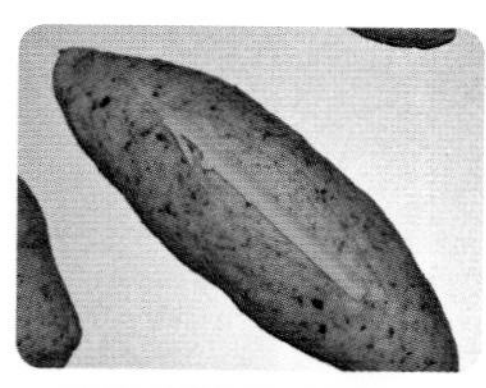

11. 在表面用锋利刀划开一个切口，在切口处放一点儿无盐黄油。

12. 送入预热好的烤箱，中下层，上下火 190 摄氏度烘烤 25 分钟，上色后及时加盖锡纸。

MIANROUYAMAZIMIANBAO

免揉亚麻籽面包

很有嚼劲的一款面包，咬一口，有面粉的香气和葡萄干的香甜，耐人回味……

◎ 原料 YUANLIAO

水 220 克
糖 20 克
耐高糖酵母 3 克
高筋面粉 300 克
盐 3 克
亚麻籽 20 克
葡萄干 80 克

二狗妈妈碎碎念

1. 面团一开始非常湿黏，所以最好不用手搅拌，用刮刀拌匀就可以了。
2. 发酵 1 小时后，案板上一定多撒一些面粉，再把面团用刮刀移到案板上。
3. 如果嫌造型麻烦，那就直接揉圆放在烤盘上。
4. 没有亚麻籽，可以用等量芝麻替换，不喜欢葡萄干，可以不放。

◎ 做法 ZUOFA

1. 220 克水倒入盆中，加入 20 克糖、3 克耐高糖酵母搅匀。

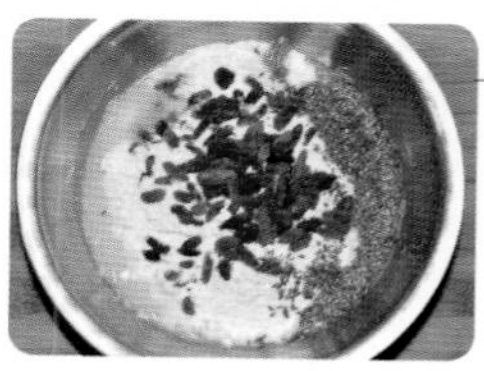

2. 再加入 300 克高筋面粉、3 克盐、20 克亚麻籽、80 克洗净的葡萄干。

3. 用刮刀拌成面团，盖好发酵 60 分钟。

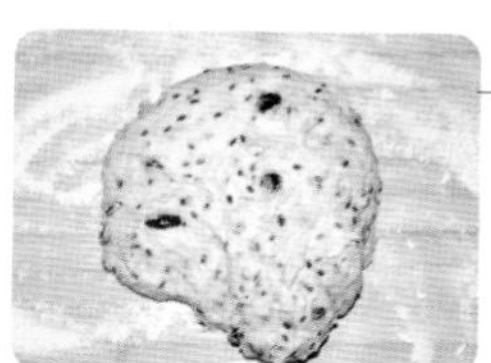

4. 案板上多撒一些面粉，把面团放到案板上，反正面都要沾到面粉。

5. 按扁后 3 折，盖好再发酵 60 分钟。

6. 发酵好的面团分成 4 份。

7. 分别揉圆，盖好静置 15 分钟。

8. 取一块面团，擀扁上半部分，把上半部分向下翻折盖住下半部分面团。

9. 依次整理好，码放在不粘烤盘上。

10. 盖好，发酵至明显变胖。

11. 表面喷水，筛高筋面粉，用锋利刀片划几刀。

12. 送入预热好的烤箱，中下层，上下火 200 摄氏度烘烤 40 分钟，上色后及时加盖锡纸。

CHAPTER 9

吐司

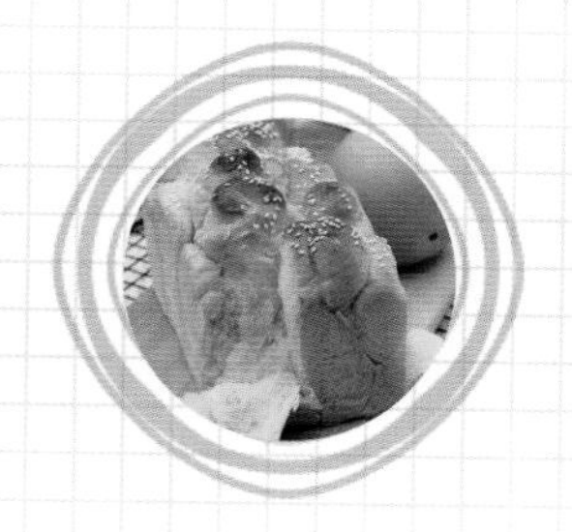

吐司，英文 toast 的音译，粤语叫多士，实际上就是用长方形带盖或不带盖的模具制作出来的长方形面包。

我理解的吐司包容性非常强，单单是吐司，就有很多种做法，做好的吐司又有很多种吃法，最常见的就是三明治了，这是多少家庭早餐必备的食物了……

本章节收录了 10 款吐司，每一款我个人都非常喜欢，尤其是大理石吐司、豹纹吐司，缤纷的面包片很有趣，做起来也是乐趣多多……

BAITUSI

白吐司（汤种法）

白吐司，百搭款，在我家经常用来做三明治。

◎ 原料 YUANLIAO

汤种：
水 200 克
高筋面粉 40 克

主面团：
牛奶 250 克
糖 60 克
耐高糖酵母 6 克
高筋面粉 560 克
橄榄油 30 克
盐 6 克

二狗妈妈碎碎念

1. 煮汤种时一定要小火，看到面糊有纹路就可以关火咯，凉透后冰箱冷藏，不超过 48 小时都可以用哟。
2. 此款吐司含水量较大，用的面粉吸水性不同，所以在和面初期要关注面团状态，如果觉得湿黏，要立即补充一点儿面粉。
3. 这是 2 个 450 克吐司的量，如果只做 1 个，所有原料减半哟。

◎ 做法 ZUOFA

1. 200 克水加 40 克高筋面粉放入小锅，小火边加热边搅拌，一直到有纹路浓稠状态就关火，凉透后盖好，冰箱冷藏 8 小时。

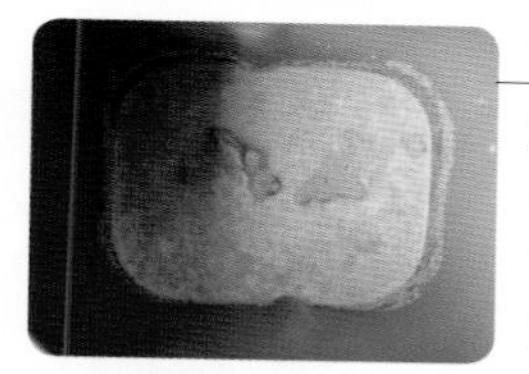

2. 把汤种全部放入面包机内桶，加入 250 克牛奶、60 克糖、6 克耐高糖酵母。

3. 再加入 560 克高筋面粉、30 克橄榄油、6 克盐。

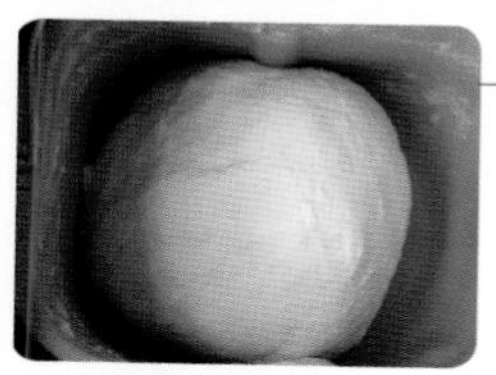

4. 面包机启动和面程序，和面 35 分钟后就可以了。

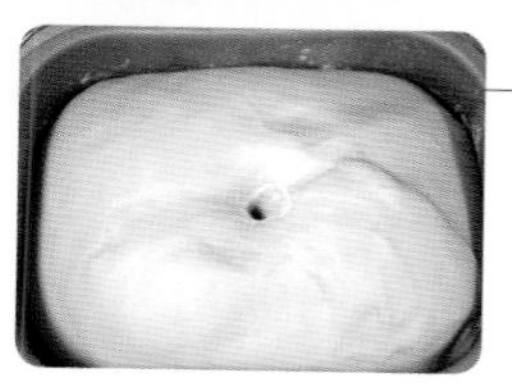

5. 盖好，放温暖的地方发酵 60～90 分钟，发酵好的面团用手指插洞，洞口不回缩、不塌陷。

6. 案板上撒面粉，把面团放案板上分成 4 份，揉圆，盖好静置 15 分钟。

7. 取一块面团擀开。

8. 将面团卷起来捏紧收口，依次把其他面团都做好。

9. 两个一组扭在一起。

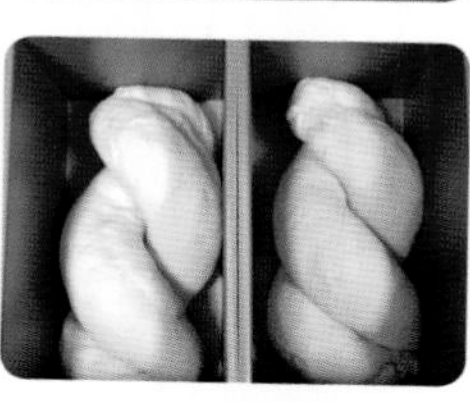

10. 放入 450 克吐司模具中。

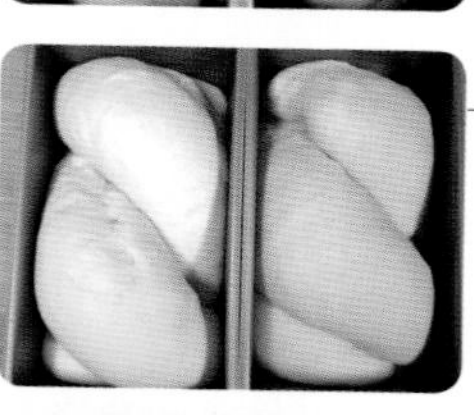

11. 盖好，发酵至模具 9 分满。

12. 送入烤箱，中下层，上下火 180 摄氏度烘烤 45 分钟，上色后及时加盖锡纸，出炉凉透才可以切哟。

MANYUEMEIXINGRENSHOUSITUSI

蔓越莓杏仁手撕吐司

一片一片，撕不停……不知不觉，
半个吐司已经下肚啦……

◎ 原料 YUANLIAO

牛奶 410 克
糖 80 克
耐高糖酵母 6 克
高筋面粉 560 克
盐 6 克
无盐黄油 40 克

配料：
无盐黄油约 30 克
杏仁片适量
蔓越莓干适量

二狗妈妈碎碎念

1. 我用了两袋市售牛奶，正好 410 克。
2. 配料中的无盐黄油要提前熔化成液态备用。
3. 杏仁片和蔓越莓干也可以选您自己喜欢的坚果碎替换。
4. 原料是 2 个 450 克吐司的量，如果只做 1 个，所有原料减半哟。

◎ 做法 ZUOFA

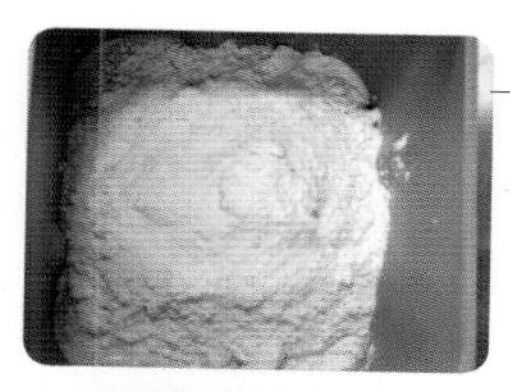

1. 410 克牛奶放入面包机内桶，加入 80 克糖、6 克耐高糖酵母、560 克高筋面粉、6 克盐。

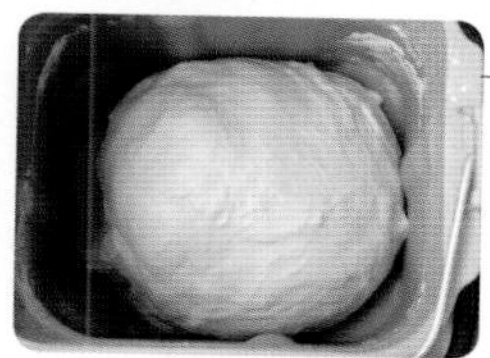

2. 面包机启动和面程序，和面 15 分钟后加入 40 克无盐黄油，再和 15 分钟就好了。

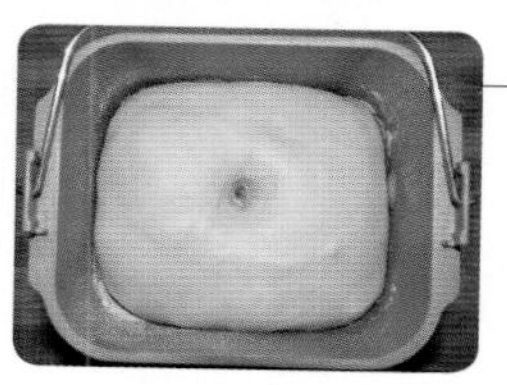

3. 盖好，放温暖的地方发酵 60～90 分钟，发酵好的面团用手指插洞，洞口不回缩、不塌陷。

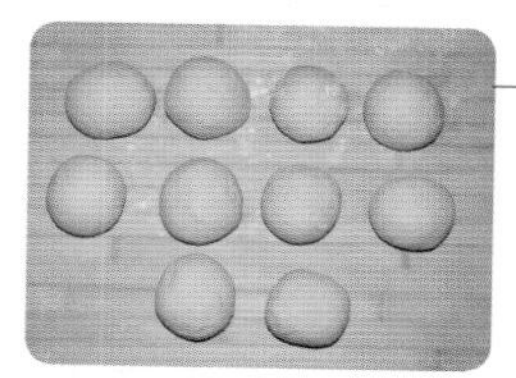

4. 案板上撒面粉，把面团放案板上分成 10 份，揉圆盖好静置 15 分钟。

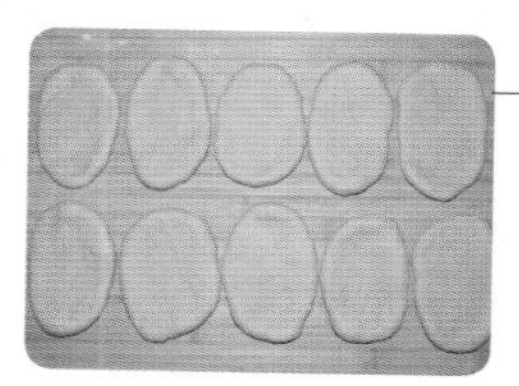

5. 将面团都擀成椭圆形面片。

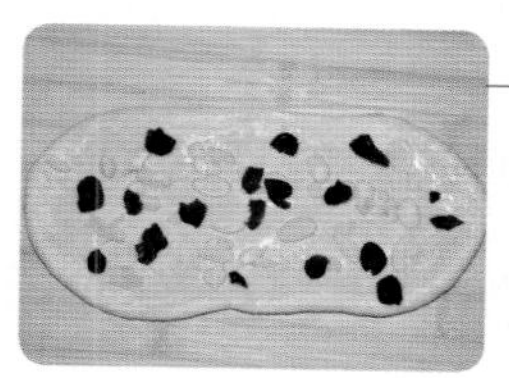

6. 取一个面片，再擀长一些，刷一层熔化的黄油，撒杏仁片、蔓越莓干。

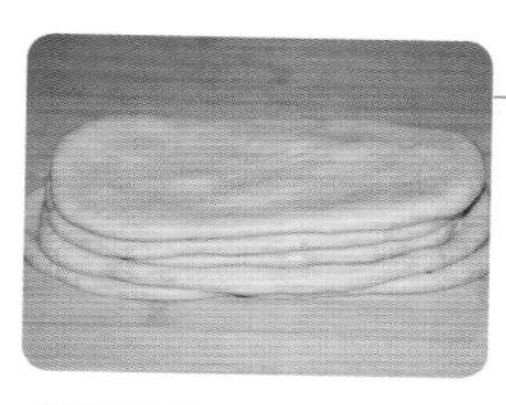

7. 盖一个面片，重复上一步骤，一直到第 5 片盖好，再把另外 5 片按这个步骤做好。

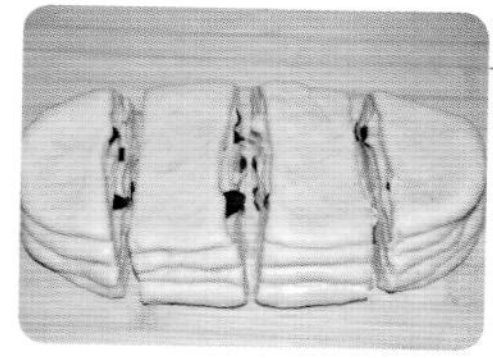

8. 把 5 个叠放好的面片切成 4 份。

9. 切面朝上，码放在 450 克的吐司模具中。

10. 盖好，发酵至模具 9 分满。

11. 送入烤箱，中下层，上下火 180 摄氏度烘烤 45 分钟，上色后及时加盖锡纸。

XIANGCHENGTUSI

香橙吐司

浓浓的橙香搭配丝丝的橙皮颗粒，好像一口下去就吃到了一个大橙子……

◎ 原料 YUANLIAO

橙子糊：
橙皮碎 40 克
橙子果肉 320 克
水 120 克

主面团：
橙子糊全部
糖 60 克
耐高糖酵母 6 克
高筋面粉 580 克
盐 6 克
无盐黄油 50 克

配料：
全蛋液适量
白芝麻适量

◎ 做法 ZUOFA

1. 两个橙子削出 40 克左右的橙皮碎备用(每个橙子重约 350 克)。

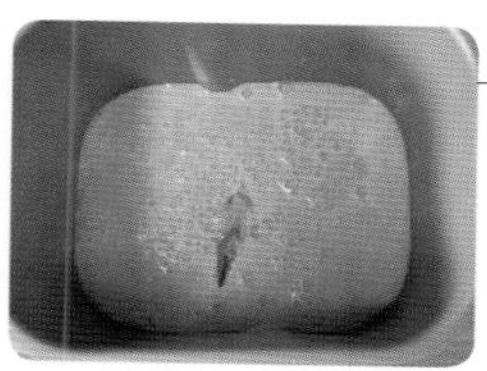

2. 把橙子果肉取出切块，320 克橙肉加 120 克水打碎，倒入面包机内桶，把橙皮碎也放进去。

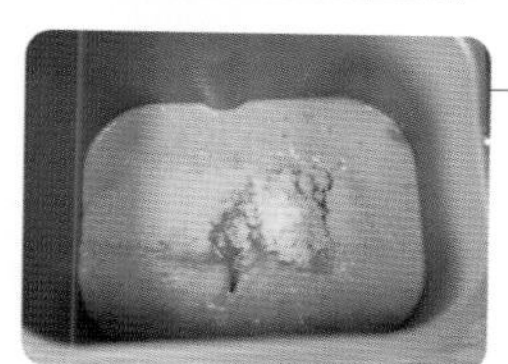

3. 再加入 60 克糖、6 克耐高糖酵母。

4. 再加入 580 克高筋面粉、6 克盐。

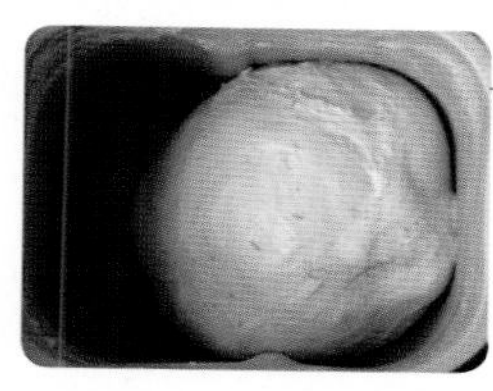

5. 面包机启动和面程序，和面 15 分钟后加入 50 克无盐黄油，再和 20 分钟就好了。

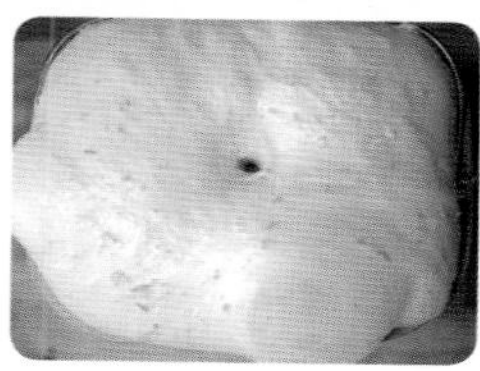

6. 盖好，放温暖的地方发酵 60~90 分钟，发酵好的面团用手指插洞，洞口不回缩、不塌陷。

7. 把面团放案板上，平均分成 16 份，揉圆盖好静置 15 分钟。

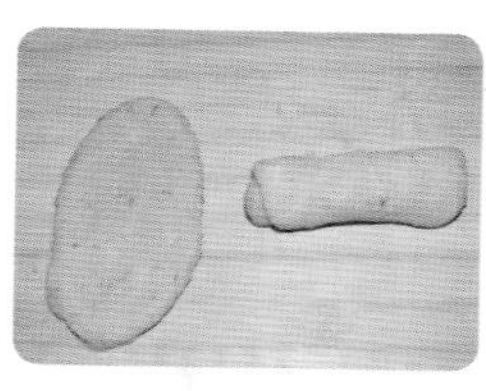

8. 取一块面团，擀开后卷起来。

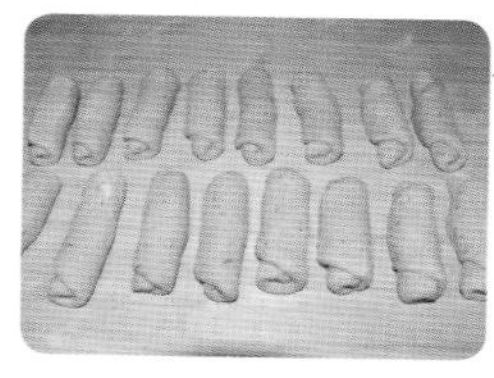

9. 将剩余的面团全部做好。

10. 8 个 1 组，把面团对折后放入 450 克吐司模具中。

11. 盖好，放温暖的地方发酵至模具 9 分满。

12. 刷蛋液，撒白芝麻，送入预热好的烤箱，中下层，上下火 180 摄氏度烘烤 45 分钟，上色后及时加盖锡纸。

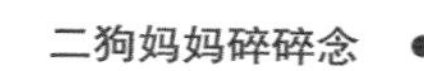

二狗妈妈碎碎念

1. 削橙皮屑时，千万别削到白色部分，会影响口感哟。
2. 不喜欢这样的造型，可以根据自己的喜好调整。
3. 这是 2 个 450 克吐司的量，如果只做 1 个，所有原料减半哟。

YUMITUSI

玉米吐司（汤种法）

◎ 原料 YUANLIAO

汤种：
水 200 克
高筋面粉 40 克

主面团：
牛奶 160 克
鸡蛋 1 个
糖 70 克
耐高糖酵母 6 克
高筋面粉 560 克
盐 6 克
无盐黄油 30 克

配料：
熟玉米粒 100 克

这款吐司，每一口都能吃到玉米粒，香香甜甜的，口感非常好呢……

◎ 做法 ZUOFA

二狗妈妈碎碎念

1. 煮汤种时一定要小火，看到面糊有纹路就可以关火喽，凉透后冰箱冷藏，不超过48小时都可以用哟。
2. 玉米粒选用甜玉米，如果水分太大，提前用厨房用纸吸干水分再用。
3. 这是2个450克吐司的量，如果只做1个，所有原料减半哟。

1. 200克水加40克高筋面粉放入小锅，小火边加热边搅拌，一直到有纹路浓稠状态就关火，凉透后盖好放入冰箱冷藏8小时。

2. 冷藏后的汤种全部放入面包机内桶，再加入160克牛奶，1个鸡蛋、70克糖、6克耐高糖酵母、560克高筋面粉、6克盐。

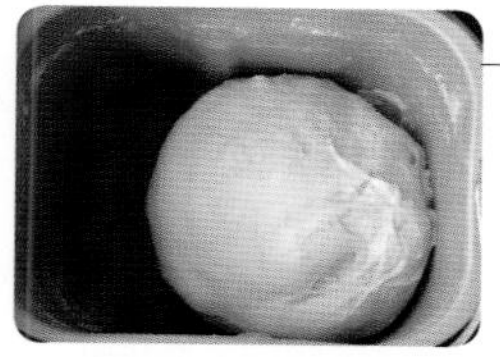

3. 面包机启动和面程序，和面15分钟后加入30克无盐黄油，再和20分钟就好了。

4. 加入100克熟玉米粒。

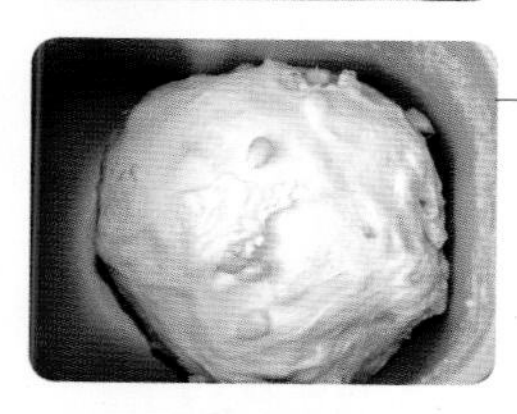

5. 再揉3分钟，把玉米粒和进面团就可以了。

6. 盖好，放温暖的地方发酵60~90分钟，发酵好的面团用手指插洞，洞口不回缩、不塌陷。

7. 案板上撒面粉，把面团放案板上分成4份，揉圆，盖好静置15分钟。

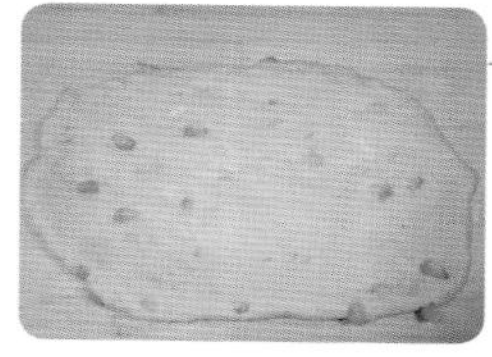

8. 取一块面团擀开。

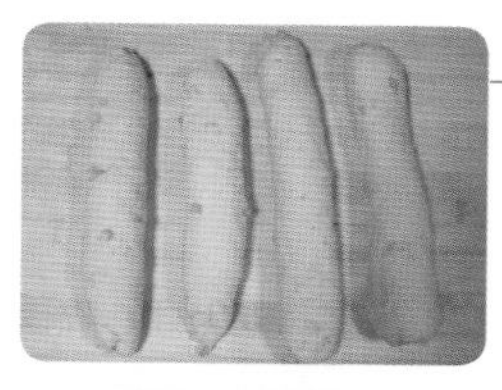

9. 卷起来捏紧收口，依次把其他面团都做好。

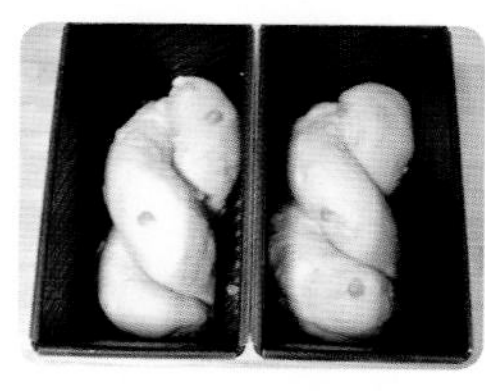

10. 两个一组扭起来，放入450克吐司模具中。

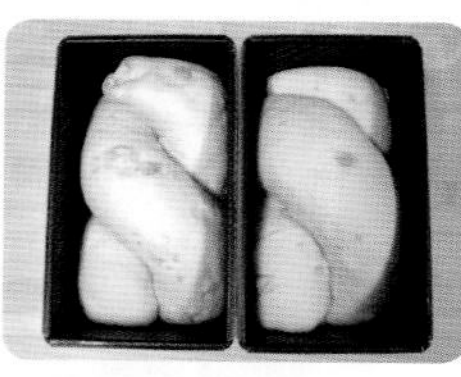

11. 盖好，发酵至模具9分满。

12. 送入烤箱，中下层，上下火180摄氏度烘烤45分钟，上色后及时加盖锡纸，出炉凉透后才可以切哟。

XIANGJIAOTUSI

香蕉吐司

烘烤的时候，满屋香气四溢，
闻着心情都会好起来……

◎ 原料 YUANLIAO

香蕉肉 200 克
鸡蛋 1 个
水 140 克
糖 60 克
耐高糖酵母 6 克
高筋面粉 560 克
盐 6 克
无盐黄油 50 克

二狗妈妈碎碎念

1. 香蕉要选用表皮有黑点的，这样的香蕉熟透了，非常好吃。
2. 这是 2 个 450 克吐司的量，如果只做 1 个，所有原料减半哟。

◎ 做法 ZUOFA

1. 200 克熟透的香蕉肉掰小段放入面包机内桶。

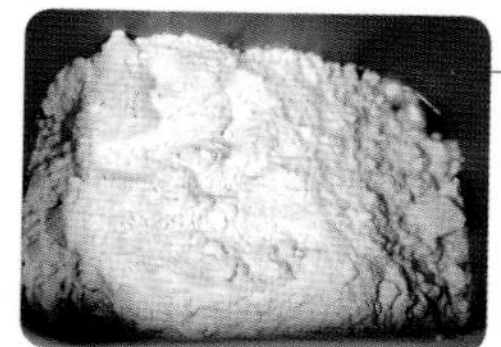

2. 加入 1 个鸡蛋、140 克水、60 克糖、6 克耐高糖酵母、560 克高筋面粉、6 克盐。

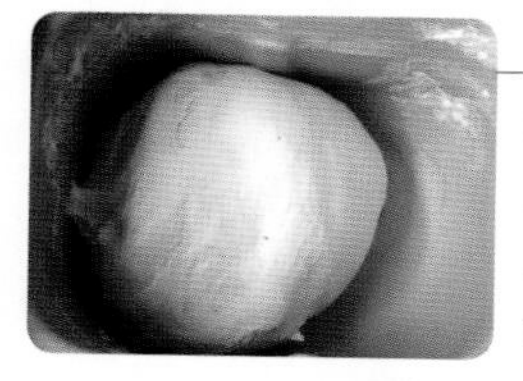

3. 面包机启动和面程序，和面 15 分钟后加入 50 克无盐黄油，再和 20 分钟就好了。

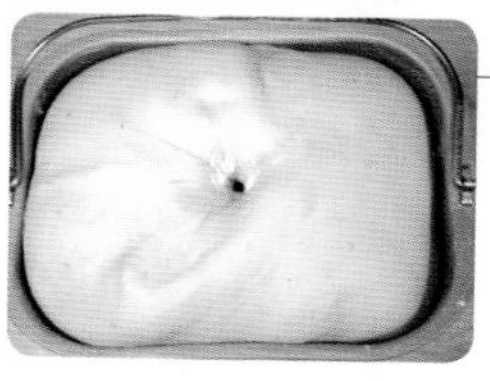

4. 盖好，放温暖的地方发酵 60~90 分钟，发酵好的面团用手指插洞，洞口不回缩、不塌陷。

5. 案板上撒面粉，把面团放案板上一分为二，揉圆盖好，静置 15 分钟。

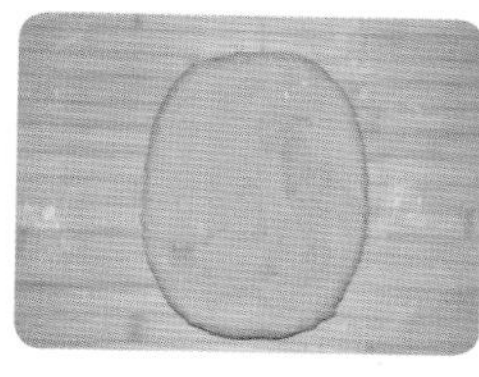

6. 取一块面团，擀开。

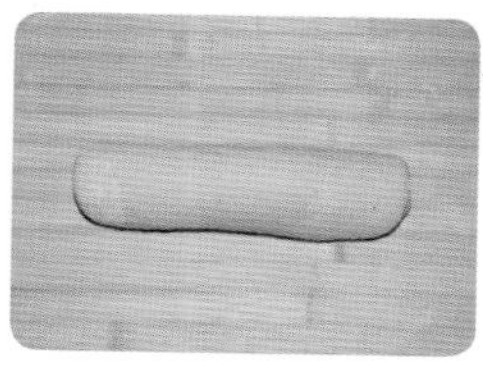

7. 卷起来，捏紧收口，同样把另外一块面团也卷好。

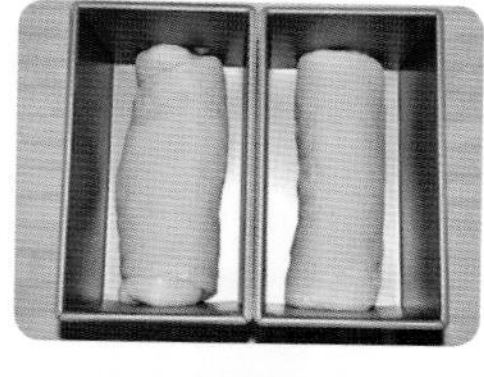

8. 放入 450 克吐司模具中。

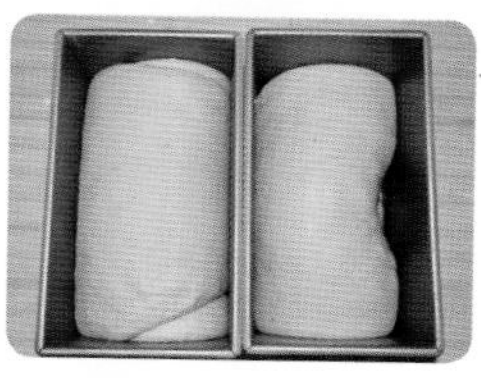

9. 盖好，放温暖的地方发酵至模具 9 分满。

10. 盖好盖子，送入烤箱，中下层，上下火 190 摄氏度烘烤 45 分钟，出炉凉透后才可以切片哟。

是水墨画吗？重峦叠嶂、千山万壑，时而险峻，时而又舒缓下来……

QIAOKELIDALISHITUSI

巧克力大理石吐司

◎ 原料 YUANLIAO

牛奶 410 克
糖 80 克
耐高糖酵母 6 克
高筋面粉 460 克
低筋面粉 100 克
盐 6 克
无盐黄油 40 克

巧克力酱：
黑巧克力 160 克
无盐黄油 40 克
糖 20 克
中筋面粉 70 克
可可粉 20 克

二狗妈妈碎碎念

1. 巧克力酱提前做好，室温存放备用，如果放入冰箱冷藏会变硬哟。
2. 把巧克力酱抹在面团上时，尽量抹成方形。
3. 这是 2 个 450 克吐司的量，如果只做 1 个，所有原料减半哟。

◎ 做法 ZUOFA

1. 160 克黑巧克力掰碎放入小锅中，加入 40 克无盐黄油。

2. 隔水熔化后加入 20 克糖迅速搅拌至糖熔化。

3. 筛入 70 克中筋面粉、20 克可可粉。

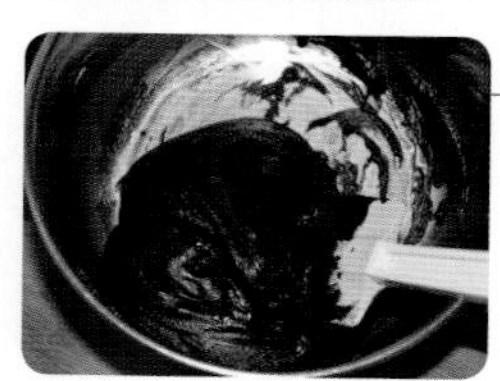

4. 搅拌均匀备用。

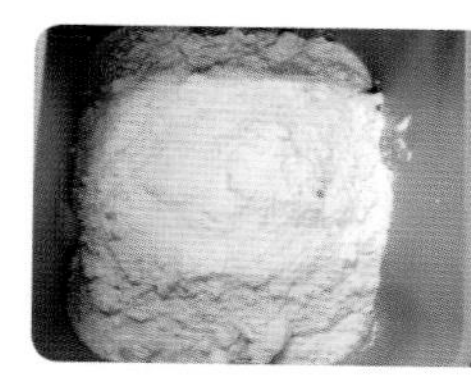

5. 410 克牛奶倒入面包机内桶，加入 80 克糖、6 克耐高糖酵母、460 克高筋面粉、100 克低筋面粉、6 克盐。

6. 放入面包机，启动和面程序，和面 15 分钟后加入 40 克无盐黄油，再揉 20 分钟就好了。

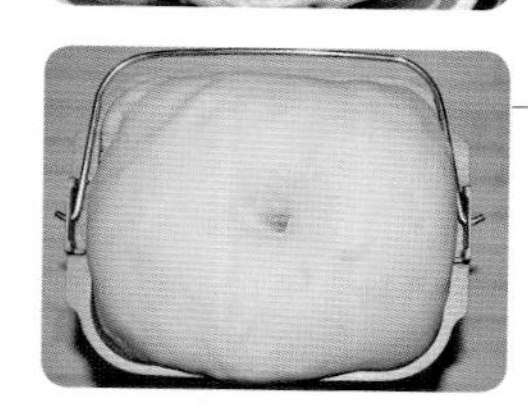

7. 盖好，放温暖的地方发酵 60~90 分钟，发酵好的面团用手指插洞，洞口不回缩、不塌陷。

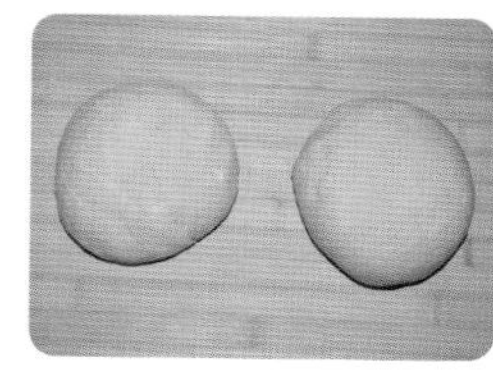

8. 案板上撒面粉，把面团放案板上分成 2 份。

9. 取一份面团擀开，中间抹巧克力酱（此时用了一半的巧克力酱）。

10. 包起巧克力，捏紧收口。

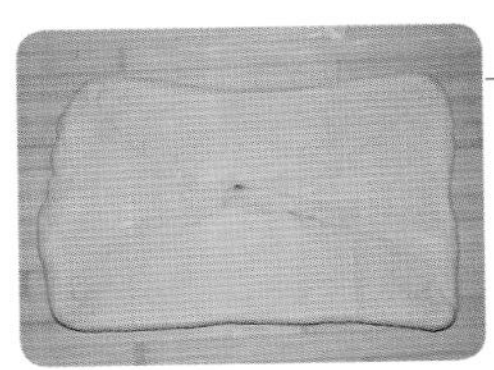

11. 将面团擀开。

12. 折 3 折。

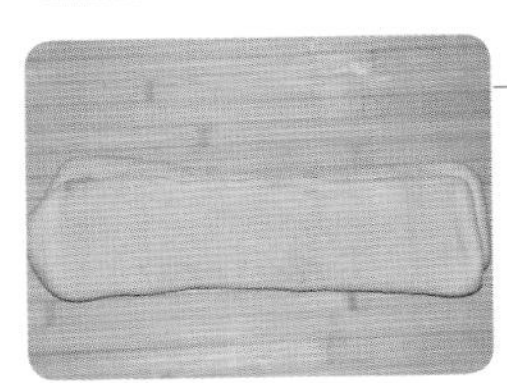

13. 面团向左旋转 90 度后再擀开。

14. 折 3 折，盖好，松弛 20 分钟。

15. 再将松弛好的面团擀开，切两刀，注意顶部不切断哟。

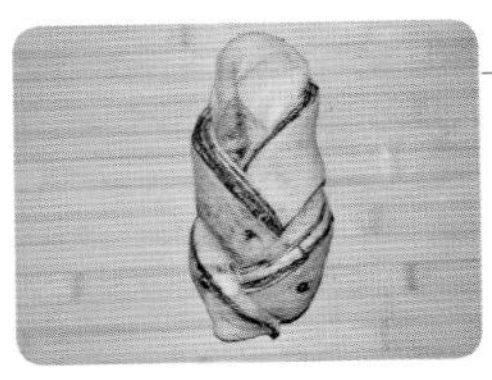

16. 编起来。然后再做另外一个吐司。

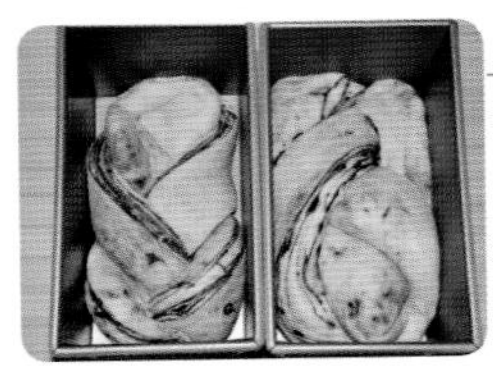

17. 把面团放入 450 克吐司模具中。

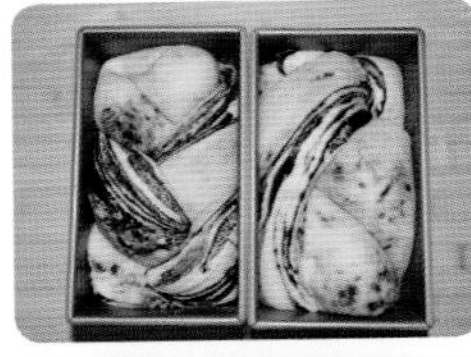

18. 盖好，发酵至模具 9 分满。

19. 送入烤箱，中下层，上下火 190 摄氏度烘烤 45 分钟，上色后及时加盖锡纸，出炉凉透才可以切哟。

BAOWENTUSI

豹纹吐司

洋气不？吐司也可以有豹纹的哟……

◎ 原料 YUANLIAO

牛奶 410 克
糖 80 克
耐高糖酵母 6 克
高筋面粉 560 克
盐 6 克
无盐黄油 40 克

咖色面团配料：
可可粉 8 克
牛奶 10 克

黑色面团配料：
纯黑可可粉 5 克
牛奶 6 克

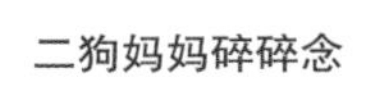

二狗妈妈碎碎念

1. 咖色面团和黑色面团不一定分成一样的数量哟。
2. 面团全部包好后，可以盖好静置 10 分钟左右，再搓长放入吐司模。
3. 任何一种白吐司的配方都可以做这款吐司。
4. 这是 2 个 450 克吐司的量，如果只做 1 个，所有原料减半哟。

◎ 做法 ZUOFA

1. 410 克牛奶倒入面包机内桶，加入 80 克糖、6 克耐高糖酵母、560 克高筋面粉、6 克盐。

2. 面包机启动和面程序，和面 15 分钟后加入 40 克无盐黄油，再和 20 分钟就好了。

3. 案板上撒面粉，把面团放案板上按扁后，分成 3 份。

4. 把其中一块面团放回面包机内桶，加入 8 克可可粉、10 克牛奶。

5. 用面包机和面约 5 分钟，把可可粉完全和进面团就可以了，取出放案板上盖好备用。

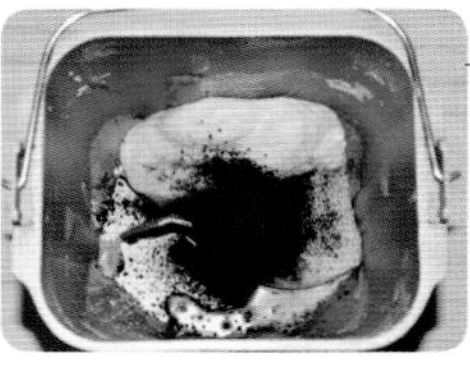

6. 再把一块白面团放入面包机内桶，加入 5 克纯黑可可粉（或竹炭粉）、6 克牛奶。

7. 用面包机揉面约 5 分钟，把可可粉完全和进面团就可以了。

8. 现在，我们有了 3 种颜色的面团。

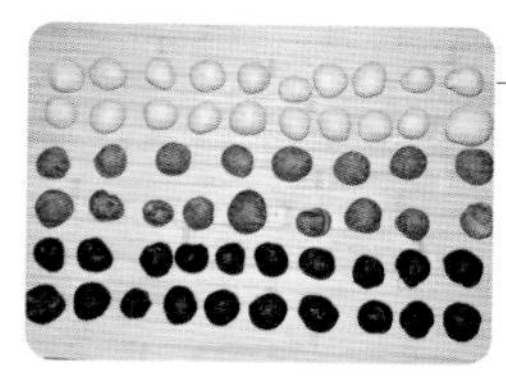

9. 把 3 种颜色的面团各分成 20 块（咖啡色的可以少分几块），盖好醒 10 分钟。

10. 先把咖啡色面团搓长，用黑色面团卷起，再用白色面团卷起。

11. 所有的面团依次做完，稍搓长。

12. 10 个 1 组放入 450 克的吐司模具中。

13. 盖好，放温暖的地方发酵至模具 8 分满。

14. 送入烤箱，中下层，上下火 190 摄氏度烘烤 45 分钟，出炉凉透后才可以切片哟。

DANNAIYOUNANGUATUSI
淡奶油南瓜
吐司
光看这颜色，就已经非常诱人啦，吃上一口，好香呀……

◎ 原料 YUANLIAO

南瓜泥 200 克
淡奶油 150 克
牛奶 100 克
糖 60 克
耐高糖酵母 5 克
高筋面粉 560 克
盐 6 克
白芝麻适量
全蛋液适量

二狗妈妈碎碎念

1. 南瓜泥含水量不同，您要根据实际情况调整面粉用量哟。
2. 这是 2 个 450 克吐司的量，如果只做 1 个，所有原料减半哟。

◎ 做法 ZUOFA

1. 200 克蒸熟凉透的南瓜泥放入面包机内桶。

2. 加入 150 克淡奶油、100 克牛奶、60 克糖、5 克耐高糖酵母。

3. 再加入 560 克高筋面粉、6 克盐。

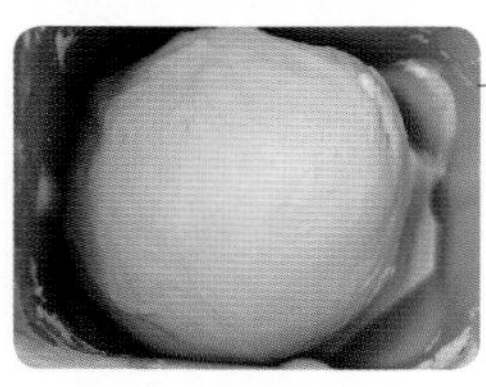

4. 放入面包机内桶，启动和面程序，和面 35 分钟就好了。

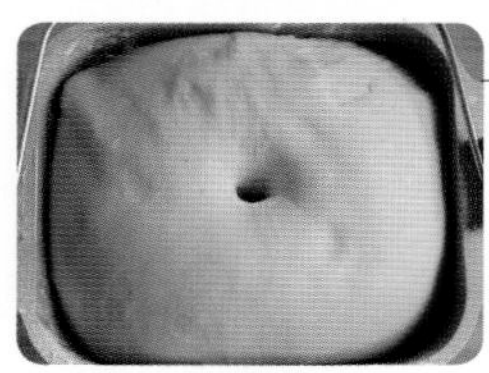

5. 盖好，放温暖的地方发酵 60～90 分钟，发酵好的面团用手指插洞，洞口不回缩、不塌陷。

6. 案板上撒面粉，把面团放案板上平均分成 6 份，揉圆盖好松弛 15 分钟。

7. 把面团擀开，卷起来搓长。

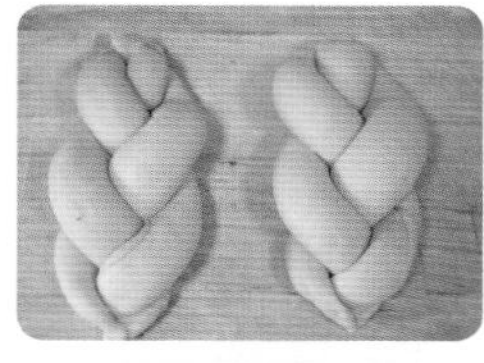

8. 搓好的面团 3 个 1 组编成辫子。

9. 分别放入 450 克的吐司模具中。

10. 盖好，发酵至模具 8 分满。

11. 刷一层全蛋液，撒白芝麻。送入烤箱，中下层，上下火 180 摄氏度烘烤 45 分钟，上色后及时加盖锡纸，出炉凉透才可以切哟。

DOUJIANGHEIZHIMATUSI

豆浆黑芝麻吐司（汤种法）

每次早晨打完豆浆总是喝不完，里面还有好多豆渣，这么有营养的食材扔了实在可惜，那我们就用来做面包吧……

◎ 原料 YUANLIAO

汤种：
水 200 克
高筋面粉 40 克

主面团：
豆浆 200 克
糖 70 克
耐高糖酵母 6 克
高筋面粉 500 克
黑芝麻粉 60 克
黑芝麻粒 20 克
盐 6 克
无盐黄油 40 克

二狗妈妈碎碎念

1. 煮汤种时候一定要小火，看到面糊有纹路就可以关火喽，凉透后冰箱冷藏，不超过 48 小时都可以用哟。
2. 豆浆的稀稠度不同，您要根据实际情况调整面粉的用量。
3. 这是 2 个 450 克吐司的量，如果只做 1 个，所有原料减半哟。

◎ 做法 ZUOFA

1. 200 克水加 40 克高筋面粉放入小锅，小火边加热边搅拌，一直到有纹路浓稠状态就关火，凉透后盖好，放入冰箱冷藏 8 小时。

2. 冷藏后的汤种全部放入面包机内桶，加入 200 克豆浆、70 克糖、6 克耐高糖酵母、500 克高筋面粉、60 克黑芝麻粉、20 克黑芝麻粒、6 克盐。

3. 面包机启动和面程序，和面 15 分钟后加入 40 克无盐黄油，再和 15 分钟就可以了。

4. 盖好，放温暖的地方发酵 60～90 分钟，发酵好的面团用手指插洞，洞口不回缩、不塌陷。

5. 案板上撒面粉，把面团放案板上分成 6 份，揉圆，盖好静置 15 分钟。

6. 将面团擀开，卷起来，再搓长。

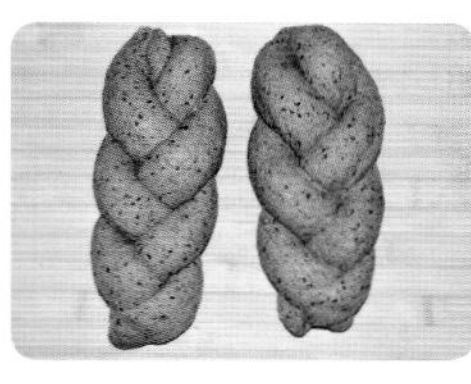

7. 搓好的面团 3 条 1 组，变成三股辫。

8. 码放在 450 克的吐司模具中。

9. 盖好，发酵至模具 9 分满。

10. 送入烤箱，中下层，上下火 190 摄氏度烘烤 45 分钟，上色后及时加盖锡纸，出炉凉透才可以切哟。

BEIHAIDAOTUSI

北海道吐司（中种法）

不想说话，只想一缕一缕
地撕着吃完它……

◎ 原料 YUANLIAO

中种面团：
蛋白 118 克
（3 个鸡蛋的蛋清）
牛奶 110 克
淡奶油 60 克
耐高糖酵母 6 克
高筋面粉 400 克

主面团：
牛奶 50 克
淡奶油 50 克
高筋面粉 150 克
糖 90 克
盐 6 克

二狗妈妈碎碎念

1. 如果觉得麻烦，蛋白可以换成 2 个全蛋，做出来的吐司没有这么洁白，口感上蛋香更浓一些啦。
2. 中种面团可以室温发酵 1 小时后，放入冰箱冷藏 17 小时后再用，效果会更好哟。
3. 这是 2 个 450 克吐司的量，如果只做 1 个，所有原料减半哟。

◎ 做法 ZUOFA

1. 118 克蛋白（3 个鸡蛋的蛋清）、110 克牛奶、60 克淡奶油、6 克酵母混合均匀后，加入 400 克高筋面粉，揉成面团。

2. 盖好发酵至 3 倍大。（室温约 3.5 小时）

3. 把发酵母好的面团撕碎放入面包机内桶，加入 50 克牛奶、50 克淡奶油、150 克高筋面粉、90 克糖、6 克盐。

4. 面包机启动和面程序，和面 35 分钟就好了。

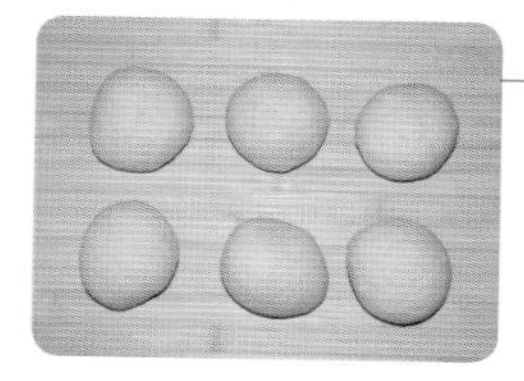

5. 把面团放案板上分成 6 份。

6. 取一块面团擀开，折 3 折。

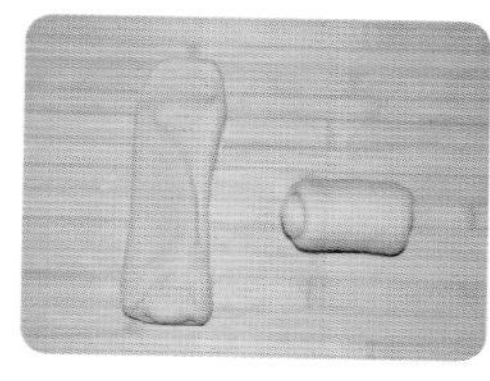

7. 擀长后，卷起来，捏紧收口。

8. 3 个卷 1 组，放入 450 克的吐司模具中。

9. 盖好，发酵至模具 8 分满。

10. 盖好盖子，送入烤箱，中下层，上下火 190 摄氏度烘烤 45 分钟，出炉凉透才可以切片哟。

CHAPTER 10

比萨

比萨，包罗万象，可以把您喜欢的一切馅料放在面饼上，搭配上浓郁的马苏里拉奶酪，真的是一种味觉享受……

本章节收录了 4 款比萨，其实我们可以做出好多种比萨，我也只是抛砖引玉，两款比萨的面饼用了中筋面粉，会有人说，这样不专业，的确是不专业呀，可是咱老百姓想动手做的时候，家里有啥用啥是最方便的了。没有比萨酱，我可以用国民“老干妈”呀！快进来看看吧，很好吃哦……

LIULIANBISA

榴莲比萨

浓郁的榴莲香气充斥整个口腔，爱死这个味道了……

◎ 原料 YUANLIAO

面饼：
水 100 克
糖 15 克
耐高糖酵母 2 克
橄榄油 10 克
高筋面粉 150 克
低筋面粉 30 克
盐 2 克

配料：
榴莲肉约 200 克
马苏里拉奶酪碎
约 150 克

二狗妈妈碎碎念

1. 如果没有比萨盘，那就直接把面饼铺在不粘烤盘上。
2. 榴莲肉和马苏里拉奶酪碎的量可多可少，可根据自己的喜好调整。

◎ 做法 ZUOFA

1. 100 克水、15 克糖、2 克耐高糖酵母、10 克橄榄油放入面包机内桶。

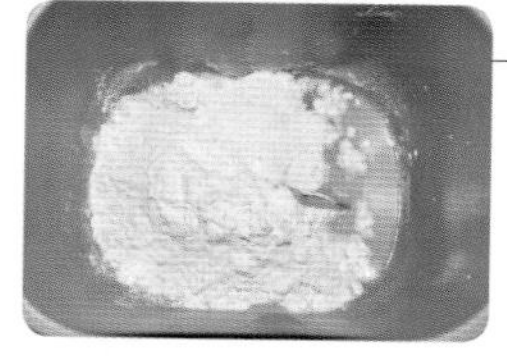

2. 加入 150 克高筋面粉、30 克低筋面粉、2 克盐。

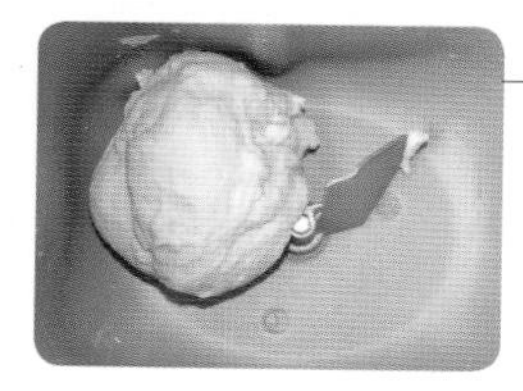

3. 面包机启动和面程序，和面 30 分钟就好了。

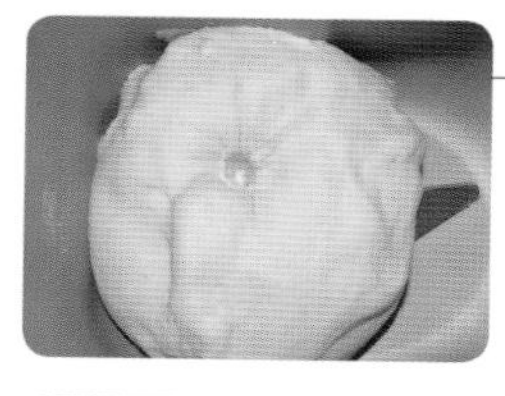

4. 盖好，放温暖的地方发酵 60～90 分钟，发酵好的面团用手指插洞，洞口不回缩、不塌陷。

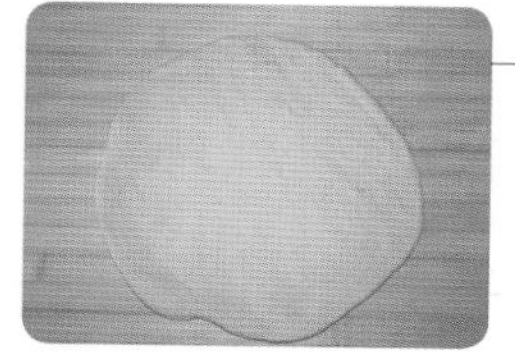

5. 案板上撒面粉，面团放案板上按扁后擀成圆饼。

6. 把面饼放在 9 寸比萨盘上，用手把面饼边推到模具边上，在面饼上扎小孔。

7. 在面饼上撒一层马苏里拉奶酪碎。

8. 再铺一层榴莲肉。

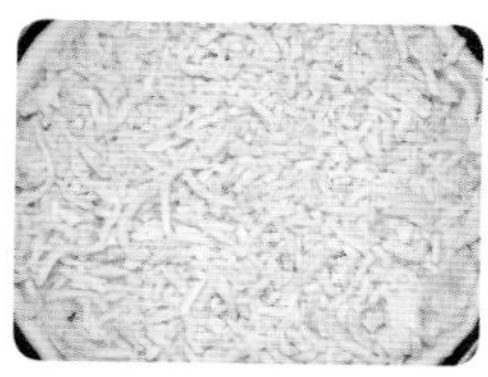

9. 再厚厚地撒一层马苏里拉奶酪碎。

10. 送入预热好的烤箱，中下层，上下火 200 摄氏度烘烤 25 分钟，上色后及时加盖锡纸。

谁说没有高筋面粉、没有比萨酱就不能做比萨？看，很中式的一款比萨，怀有身孕的稳稳说，这个比萨吃出了意外的好味道……

ZISHULAOGANMAXIANXIABISA

紫薯老干妈鲜虾比萨

◎ 原料 YUANLIAO

面饼：
熟紫薯 130 克
牛奶 130 克
糖 20 克
耐高糖酵母 2 克
中筋面粉 200 克

配料：
鲜虾肉 150 克
熟玉米粒 100 克
绿椒碎 50 克
老干妈风味豆豉酱约 20 克
马苏里拉奶酪碎约 100 克

二狗妈妈碎碎念

1. 如果没有合适的模具，那就直接把面饼铺在不粘烤盘上。
2. 鲜虾和青椒碎提前烘烤是为了去除水分，这样在比萨烘烤的过程中就不会出水啦。
3. 鲜虾无须提前腌渍，一点儿也不腥哟。
4. 本款比萨用的是中筋面粉，您也可以用高筋面粉哟。

◎ 做法 ZUOFA

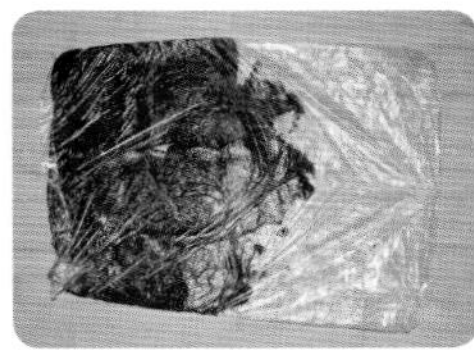

1. 130 克蒸熟凉透的紫薯放保鲜袋里擀碎。

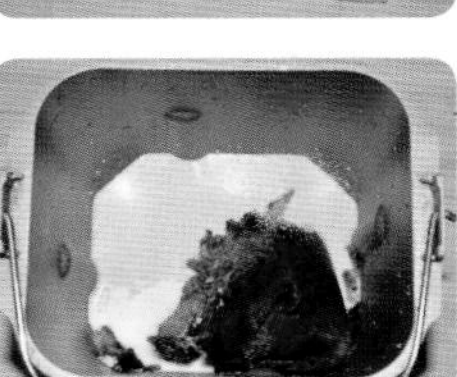

2. 把紫薯泥放入面包机内桶，加入 130 克牛奶、20 克糖、2 克耐高糖酵母。

3. 再加入 200 克中筋面粉。

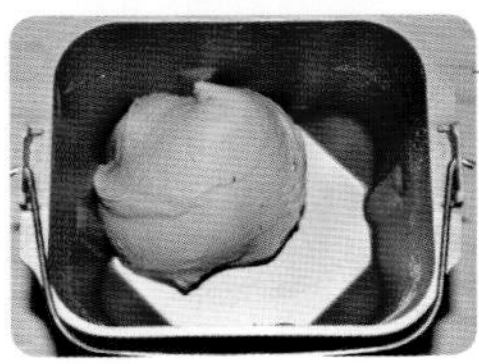

4. 面包机启动和面程序，和面 30 分钟就好了。

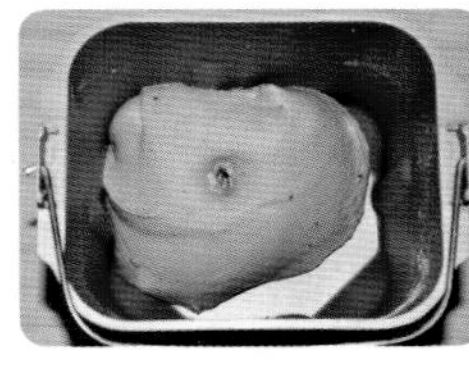

5. 盖好，放温暖的地方发酵 60～90 分钟，发酵好的面团用手指插洞，洞口不回缩、不塌陷。

6. 准备好 150 克鲜虾肉、100 克熟玉米粒、50 克绿椒碎。

7. 把鲜虾肉和绿椒碎放在烤盘上，放入烤箱，190 摄氏度烘烤 5 分钟，出炉备用。

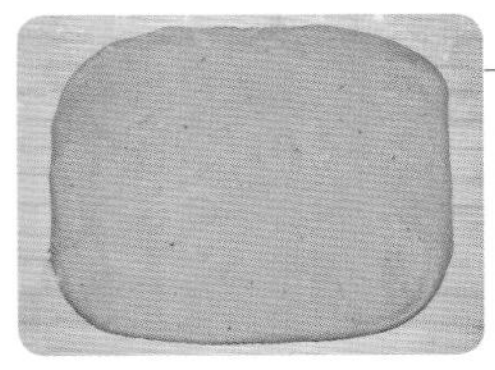

8. 案板上撒面粉，把面团放案板上擀开，大小与自己的模具差不多即可。

9. 铺在模具（此模具26厘米×23厘米）中，把面饼边往上推出一点儿。

10. 盖好静置30分钟后，在面饼上用叉子扎满小孔。

11. 在面饼上铺一层老干妈风味豆豉酱（有咸味，别铺过多）。

12. 再铺一层马苏里拉奶酪碎，把虾、玉米粒、青椒碎都码放上去。

13. 送入预热好的烤箱，中下层、上下火190摄氏度烘烤25分钟。

14. 结束前的5分钟，在表面铺一层厚厚的马苏里拉奶酪碎，再放入烤箱，把奶酪烤熔化即可。

GALIJIROUHUABIANBISA

咖喱鸡肉花边比萨

◎ **原料** YUANLIAO

面饼：
牛奶 140 克
糖 20 克
耐高糖酵母 2 克
高筋面粉 200 克
盐 2 克
无盐黄油 20 克

配料：
咖喱粉 30 克
水 15 克
香肠 2 根
鸡胸肉 100 克
洋葱碎 15 克
熟玉米粒 20 克
红绿椒碎 30 克
白胡椒粉 1 克
马苏里拉奶酪碎约 130 克

鸡肉和咖喱是不是很配？答案毋庸置疑……再加上这一圈香肠花边，好美味……

◎ 做法 ZUOFA

1. 140克牛奶倒入面包机内桶，加入20克糖、2克耐高糖酵母、200克高筋面粉、2克盐。

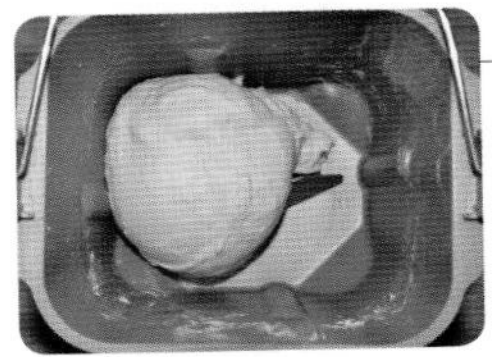

2. 面包机启动和面程序，和面15分钟后加入20克无盐黄油，再和15分钟就好了。

3. 盖好，放温暖的地方发酵60~90分钟，发酵好的面团用手指插洞，洞口不回缩、不塌陷。

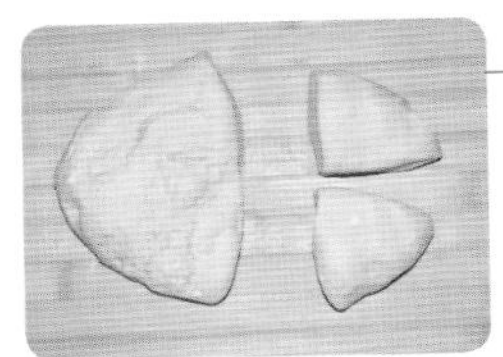

4. 案板上撒面粉，把面团放案板上，切掉1/3，再把这1/3的小面团一分为二。

5. 把大面团揉圆擀开，铺在9寸比萨盘中，用叉子扎满小孔。

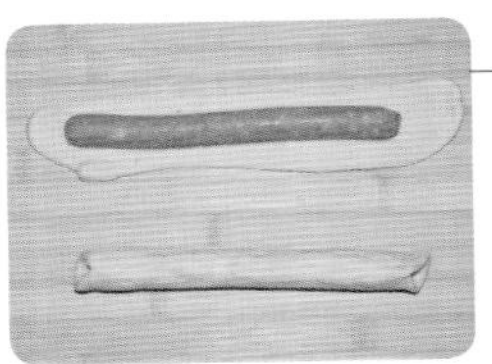

6. 把两块预留的小面团搓长擀开，包入香肠，捏紧收口。

7. 切成1厘米宽的小段。

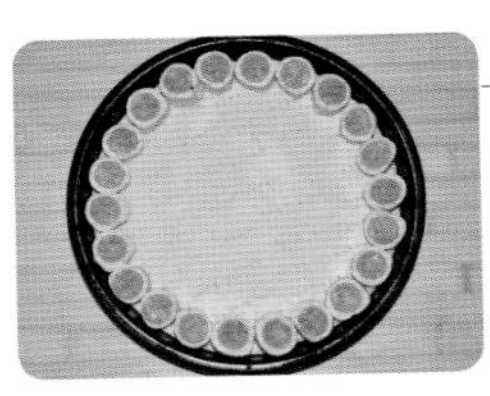

8. 在面饼边刷水，把香肠段码放一圈，盖好，静置20分钟。

9. 30克咖喱粉加15克水调成咖喱酱备用，100克鸡胸肉切薄片，加入15克洋葱碎、20克熟玉米粒、30克红绿椒碎、1克白胡椒粉拌匀备用。

10. 在面饼中间抹咖喱酱，撒30克左右的马苏里拉奶酪碎。

11. 把鸡肉和配菜铺好。

12. 送入预热好的烤箱，中下层，上下火200摄氏度烘烤20分钟。

13. 出炉后再在中间撒100克左右的马苏里拉奶酪碎，再放入烤箱200摄氏度烘烤5分钟，奶酪熔化即可。

二狗妈妈碎碎念

1. 如果没有比萨盘，那就直接把面饼铺在不粘烤盘上。
2. 配菜选用自己喜欢的就好，量不要太多。
3. 我用的香肠长约20厘米，正好2根就够用了，如果您用的香肠不够长，那就再加1根。

快，趁热吃，饼底是脆的，
水果正在散发香气……

SHUIGUOBISA

水果比萨

◎ 原料 YUANLIAO

面饼：
水 120 克
酵母 2 克
玉米油 10 克
中筋面粉 200 克

配料：
番茄酱约 15 克
猕猴桃 60 克
油桃 80 克
香蕉 60 克
马苏里拉奶酪碎
约 130 克

二狗妈妈碎碎念

1. 如果没有比萨盘，那就直接把面饼铺在不粘烤盘上。
2. 面饼提前烘烤是为了不让水果的水分渗入面饼，影响口感。
3. 水果尽量选不爱出水的，比如苹果、菠萝等，我家只是当时正好有这几样水果而已，不用和我一样的，不过所有水果用之前都要吸一下水分哟。
4. 本款比萨用的是中筋面粉，如果喜欢面饼松软一些的，那就用 P237“咖喱鸡肉花边比萨”的面饼。

◎ 做法 ZUOFA

1. 120 克水、10 克玉米油、2 克酵母搅拌均匀。

2. 加入 200 克中筋面粉。

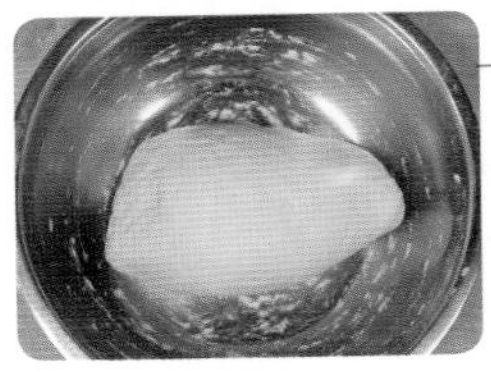

3. 揉成面团，盖好，放温暖的地方发酵约 60 分钟。

4. 把面团放案板上揉匀，做成圆片。

5. 铺在 9 英寸比萨盘中，用叉子扎满小孔。

6. 送入预热好的烤箱，中下层，上下火 200 摄氏度烘烤 20 分钟。

7. 出炉后在面饼上刷番茄酱，撒 30 克左右的马苏里拉奶酪碎。

8. 再码放 200 克左右您喜欢的水果（我用了 60 克猕猴桃、80 克油桃、60 克香蕉）。

9. 在表面铺满马苏里拉奶酪碎（约 100 克）。

10. 再送入预热好的烤箱，200 摄氏度烘烤 5 分钟左右，奶酪熔化即可出炉。